21世纪科学前沿 21st CENTURY SCIENCE

地震 *Earthquakes*

［英］兰·格雷厄姆 / 著　李绣海 / 译

华夏出版社
HUAXIA PUBLISHING HOUSE

图书在版编目（CIP）数据

地震 /（英）兰·格雷厄姆（Ian Graham）著；李绣海译. --北京：华夏出版社，2017.1
（21世纪科学前沿）
书名原文：21st Century Science: Earthquakes
ISBN 978-7-5080-8995-9

Ⅰ. ①地… Ⅱ. ①兰… ②李… Ⅲ. ①地震—青少年读物 Ⅳ. ①P315-49

中国版本图书馆CIP数据核字（2016）第252905号

21st Century Science: Earthquakes
First published in 2010
under the title 21st Century Science: Earthquakes by Tick Tock, an imprint of Octopus Publishing Group Ltd
Endeavour House, 189 Shaftesbury Avenue, London WC2H 8JY
Copyright © 2012 Octopus Publishing Group Ltd
All rights reserved.

版权所有，翻印必究。
北京市版权局著作权登记号：图字01-2012-8560号

地震

作　　者	[英]兰·格雷厄姆
译　　者	李绣海
责任编辑	王占刚　许　婷
出版发行	华夏出版社
经　　销	新华书店
印　　刷	永清县晔盛亚胶印有限公司
装　　订	永清县晔盛亚胶印有限公司
版　　次	2017年1月北京第1版 2017年1月北京第1次印刷
开　　本	690×940　1/16开
印　　张	9
字　　数	70千字
定　　价	25.00元

华夏出版社　网址：www.hxph.com.cn　地址：北京市东直门外香河园北里4号　邮编：100028
若发现本版图书有印装质量问题，请与我社营销中心联系调换。电话：（010）64663331（转）

目录 Contents

引 言

地层为何移动？ /004
蛋壳般的地球 /004
绘制板块图 /005
谁在研究地震？ /007
地震科学家 /007
团队合作 /008

第一章　我们的地球

大陆漂移 /012
绘制海床图 /012
地磁海床 /013
大陆漂移始于何处？ /015
山脉的形成 /015

第二章　解读地震

前震 /023
帕克菲尔德实验 /024
地面震波 /024
震波的传播速度 /026
如何测量地震？ /030

测量地震的其他方式 /030
不断校正得到的客观事实 /034
地震的声音 /034
如何听到地震的声音？ /035
无声地震 /039
地震群 /039
搜寻地震群 /041
超级群震 /042

第三章　地震的诱因

缓慢的碰撞 /048
延伸的北美 /049
地震的其他诱因 /049
月球和震动 /052
摩天大楼会引发地震吗？ /053
地震本身会引发地震吗？ /056
拉开断层 /056
超级大地震 /060
大断层 /062
大型地震的记录 /062
记录大地震的发生日期 /063
其他星球会震动吗？ /066

月震的成因 /067
火星上有震动吗？ /068
太阳震动 /068

第四章　地震的能量

不堪一击的受害者 /073
标志危险 /075
改变地貌 /075
海岸的变化 /077
拔掉塞子 /077
建筑物沉降 /082
土壤强度的秘密 /082
太空土壤科学 /083
动物能感觉到地震吗？ /086
大象能听到地震到来的信号吗？ /087
电学和磁学 /088
影响全球的地震 /091
白昼缩短 /091
地球的形状 /093
移动极点 /094

第五章　海底地震

和喷气式飞机一样快的海浪 /099
探测海啸 /100
印度洋海啸 /100
大断层 /101
跳跃的板块 /102
研究证据 /102

第六章　研究地震

龙形的候风地动仪 /106
当今的地震探测 /106
为地球把脉 /107
空间监测 /108
卫星引导的定位系统 /108
地球卫星 /109
寻找断层 /113
绘制东京的断层图 /114
清除地面植被 /114
探查地表 /117
西雅图钻孔 /118
刮擦地表 /121
预防地震 /121
压力之下 /122

第七章　展望未来

早期成功的例子 /128
地震预报 /129
机器人救兵 /130
用机器人探寻 /130
新的标准 /131
抗震预防 /134
稳固摩天大楼 /134
带滑顶的塔 /136
危房保护 /136

名词解释 /138

引 言

地球是破裂的蛋壳!

　　一年总有那么几次,媒体会将目光聚焦于世界上某处因地震而剧烈震动的地方。来自世界各地的科学家在研究这些突发的地震和它们发生的原因。踩在你脚下的土地看似牢固稳定,但是现在科学家发现其实它一直在运动。

▼ 2007年，伴随着印度尼西亚地震而来的一股巨浪毁坏了苏门答腊岛海滩。

地层为何移动？

直到20世纪60年代，一种认为由坚硬岩石组成的大陆一直在移动的观点依旧看似疯狂。然而，今天的科学家了解到，地壳是漂浮于被称作地幔的滚烫岩浆层上的一层薄薄的岩石壳。地幔虽然坚固，但它却像一层厚厚的蜜糖一样缓慢流动着。受到来自地心深处热量的驱使，地幔移动的同时也带着地壳一起移动。

蛋壳般的地球

地壳被分成了几块，即人们所说的构造板块，它们就像熟鸡蛋的碎壳。构造板块朝不同的方向以不同的速度移动着。板块的边缘随意发生摩擦，它们摩擦的地方就叫断层。板块并不会平顺地滑过彼此，它们先停滞，然后突然快速划擦，这些断层处快速的运动便产生了地震。

绘制板块图

加州理工学院和斯克里普斯海洋研究所的科学家正在研究南极的南极洲板块是如何与其周围的所有板块相契合的。这些科学家的工作会帮助其他科学家绘制出更精确的地壳图。

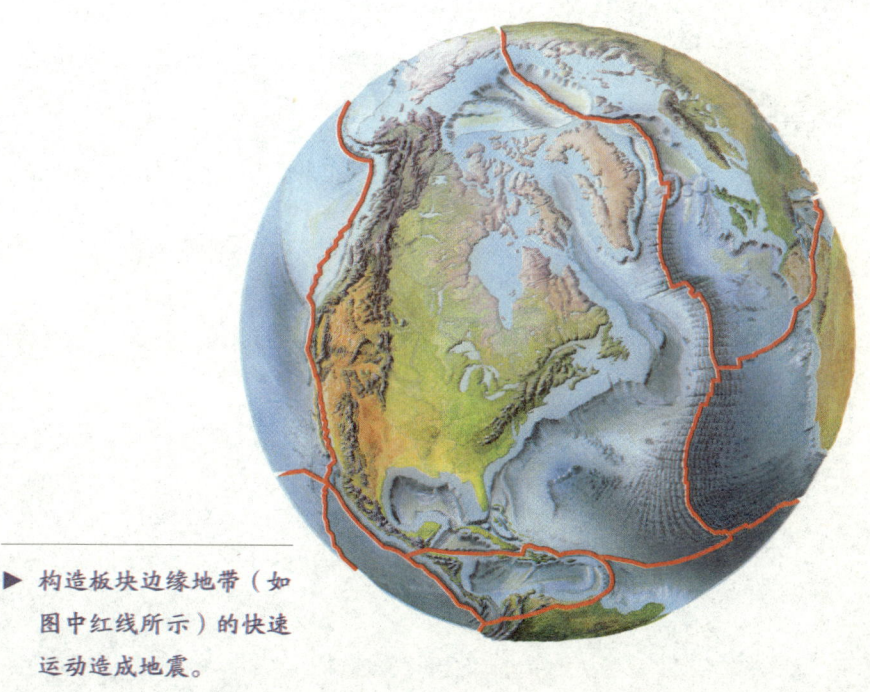

▶ 构造板块边缘地带（如图中红线所示）的快速运动造成地震。

21 地震

▼ 一位美国地质勘探所的科学家正在美国华盛顿州的圣海伦斯火山东侧安装设备。背景中可以看到亚当斯火山。

谁在研究地震？

科学中有一个主要分支是专门研究地球的，包括它的结构、它过去所经历的变化和它今天以何种方式在变化。这是一个庞大的主题，以至于需要科学家专门从事这项研究。地球物理学家是研究星球物理性质、海洋、大气等的科学家；地质学家研究地球的岩石；地球化学家研究岩石的化学成分；地貌学家研究大陆板块以及它们的形成过程。所有这些科学家或许都会研究地震。另外还有研究地震频发地区的建筑物、桥梁和其他构造的设计与建造的地震工程师，他们的工作就是减轻地震时建筑物的受损程度。

地震科学家

专门研究地震的科学家叫做地震学家，其中的一些人专门研究古代地震，他们被称作古地震学家。地震学是一门年轻的学

科。直到19世纪10年代晚期,科学家还认为地震是由地下爆炸引起的,而地震又引发了地表断层。

然而在1906年旧金山发生的一次可怕的地震后,科学家哈利·菲尔丁·里德萌生了一个观点,他认为断层的快速移动造成了地震,而这一观点的正确性在之后得到了证明。

团队合作

如今,研究地震的科学家通常以团队形式工作。来自不同大学甚至是不同国家的科学家和工程师一起工作,以便更好地了解地震。他们用电脑工作,并且使用空间卫星提供的信息来进行研究。除了坐在电脑前的时间,他们通常在世界各地进行岩石和断层的实地考察。

科学生涯

露西·琼斯博士是位于美国加利福尼亚州帕萨迪纳的美国地质勘探局的负责人,她最初从事物理学研究,后来在台湾——一个主要地震带——工作一段时间后,她转向了地质学研究,并获得了麻省理工学院的地球物理学博士学位。

一日掠影……

露西·琼斯博士在美国加利福尼亚州工作,这一地区是世界上最活跃的地震带之一。她研究大地震前后的微小地震,以及如何利用它们来预测未来的地震。当加利福尼亚州遭遇地震时，通常由露西·琼斯博士来向公众解释事件的原委。同时，她和同事给官方人员和政治家们献计献策，以确保加利福尼亚州更加安全。

斯人斯语……

如果南加利福尼亚州发生里氏7.8级地震，"我们将会损失所有天然气和水的供给线、大部分输电线路以及大部分运输系统。我们的公共基础设施将遭受严重的损毁，至少需要数月时间才能修复"。

第一章 我们的地球

地表的移动

造成地震的力量强大到足以使大陆移动，而且这种力量也确实使得地表处于移动状态。就在此刻你脚下的地表正在移动，只是你感觉不到，因为它移动的速度和你的手指甲和脚趾甲的生长速度一样慢。

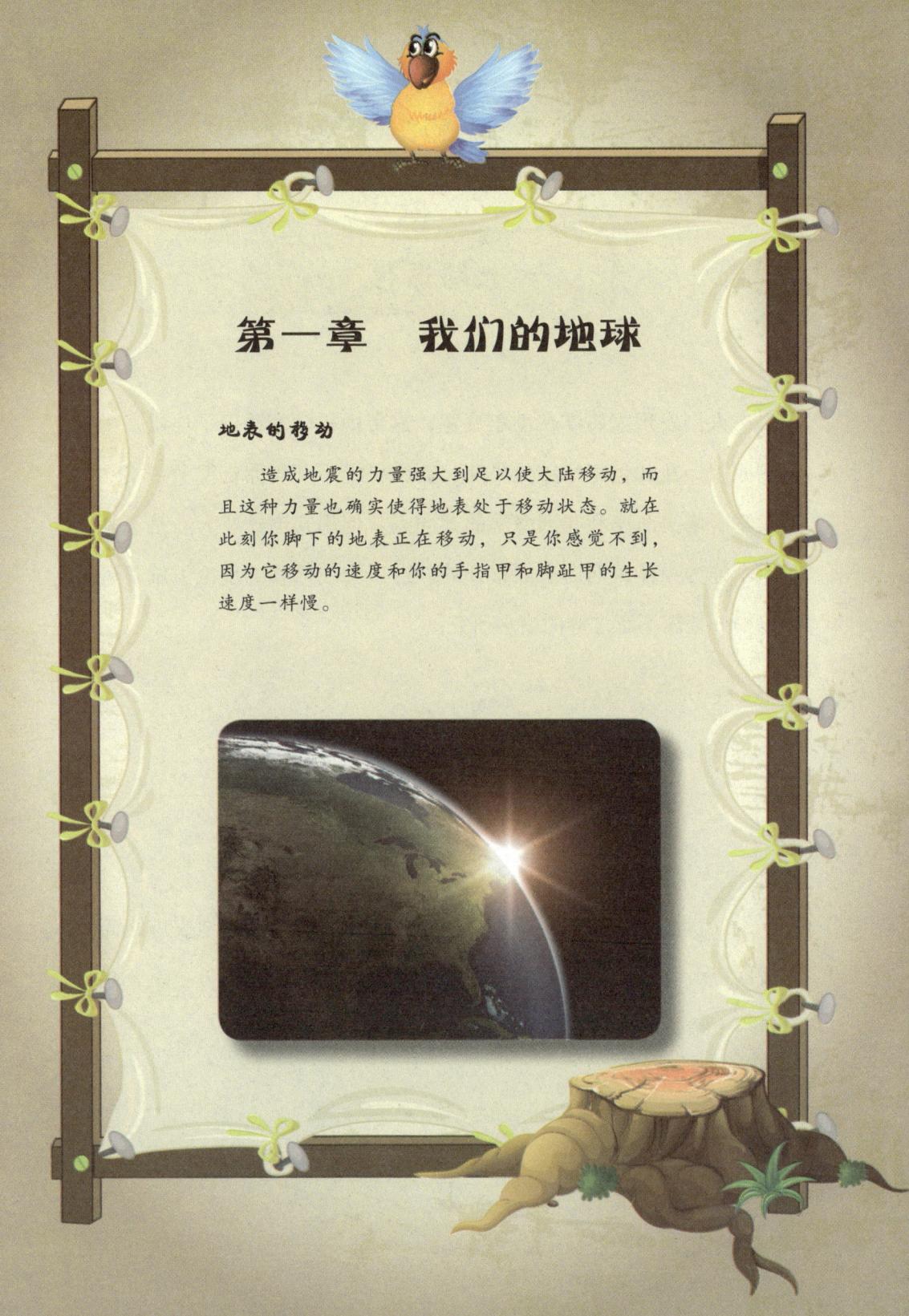

大陆漂移

人们发现大西洋在逐年变宽,这帮助科学家认识了地震发生的原因。在20世纪10年代早期,德国科学家阿尔弗雷德·魏格纳发现了南美海岸和非洲海岸的共同点。他想知道这些大陆是不是原本连为一体,而后来漂移开的。这个大陆漂移的理论引发了可以揭开地震不解之谜的诸多研究。

绘制海床图

20世纪50年代,科学家在绘制海床图时发现了沿地表蜿蜒而成的巨大海底山脉,人们称之为中洋脊,总长度为7.5万公里,是世界上最长的山脉,但是它却完全隐藏在了海底世界。

▼ 中洋脊标注出了两个构造板块的界限，每一侧的板块相向移开，随着岩浆（熔岩）上涌新的地壳也随之形成。

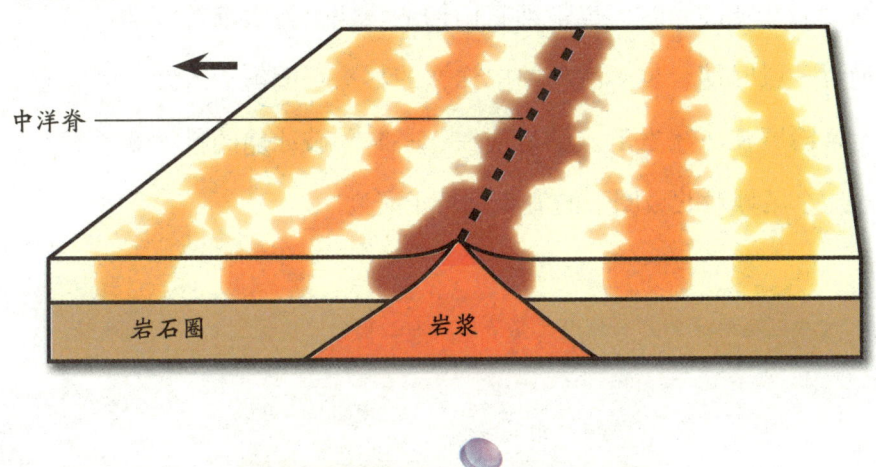

中洋脊

岩石圈　岩浆

地磁海床

海床其实是被隐形的磁条所覆盖的！科学家直至20世纪60年代才得以解释：海床其实是由一条条磁力带所覆盖，每条磁力带都有几千甚至上万米宽，每条磁力带都和与它相邻的磁力带磁极相反。岩浆（液体熔岩）从山脉中央涌出，然后把海床从每一侧向更远处推。当冷却变硬的时候，它的磁极和地球的磁极相互调转。一直以来，地球的磁极不断调转，随后形成的新海床的磁极也随之不断调转。经过了成千上万年，地球磁极调转了一次又一

次，继而产生了一条又一条的磁力带。这一发现证实，洋底在逐渐延展变宽的同时，也带动它们构造板块上方大陆的移动。直至最近一段时期，位于冰岛的中洋脊的尽头仍旧鲜为人知，因为它通常隐匿在海冰之下。但是现在，一队乘破冰船的科学家已经针对这个区域对北极圈下的海床进行了研究。

▼ 空中拍摄的冰岛海岸的照片显示了欧洲板块和北美板块之间的断层带。

大陆漂移始于何处？

几百万年以前,存在着一块叫做盘古大陆的超级大陆,它占据了地球面积的一半,而地球的另一半为广袤的海洋所覆盖。之后,大约200万年以前,盘古大陆开始分裂,首先它分裂成了两部分:劳亚古大陆和冈瓦纳大陆。再后来,这两块大陆分裂形成今天的大陆。劳亚古大陆发展成了北部大陆,而冈瓦纳大陆发展成了南部大陆,涌入两块大陆中间地带的水形成了海洋。

山脉的形成

数百万年间,新的地壳在不断形成和向外延伸。这原本会使得陆地变得更大,但事实并非如此。两块大陆碰撞时它们的边缘挤压糅合在了一起,一些岩石被向上推动,形成了山脉。印度向北推进,由此形成了喜马拉雅山脉。喜马拉雅山脉已经生长了大

▼ 喜马拉雅山的地震是由构造板块推动印度向北进入亚洲板块所致。

约4000万年,而今天它依然处于生长状态。1994年,研究人员在接近珠穆朗玛峰这个世界最高峰的峰顶位置摆放了仪器,利用空间卫星传输的无线电信号来测定山峰的运动迹象。仪器上的读数显示珠穆朗玛峰每年大约增高4毫米。

洋底的构造岩石要比大陆岩石更重。当洋底和大陆碰撞时,更重的海洋板块滑向下部。这种俯冲现象发生在俯冲带,而最强烈的地震就发生在俯冲带。得益于这些发现,科学家开始了解使大陆移动并产生地震的过程。

▼ 1985年,"乔迪斯决心"号钻探船(见下图)代替了"格罗玛挑战者"号执行任务。

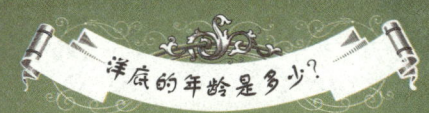

研究内容：科学家想要提供证据来证明海底的继续延伸和大陆漂移的理论。

研究团队：来自美国国家科学基金会和加州大学的科学家团队。

研究过程：如果洋底还在处于形成和延伸状态的话，那么它应该由比地表岩石更新的岩石构成。一项深海科考项目和一艘称作"格罗玛挑战者"号的钻探船就是为研究此理论而特别成立和设计的。从1968年8月起，这艘船从南美到非洲，交叉跨越大西洋中脊，在7000米的洋底进行钻探，钻探深度达1740米。这个科考团队将岩石样本带回了实验室进行后续研究和分析。

研究结论：这个团队证明，尽管地球已有45亿年的历史，而海底最古老的岩石仅有2亿年，洋底岩石的平均年龄仅为6000万年。此项研究表明新的洋底岩石在不断形成，也证明了洋底延伸和大陆漂移都是真实存在的。

第二章　解读地震

地震来了！

　　新闻图片给我们呈现的只是地震造成的破坏，但地震本身却远比这些复杂得多。地震通常始于大地轻微的抖动，它可能会轻到你难以察觉，但是科学仪器却可以监测到它。地震的第一个迹象就是巨大的岩石层开始在地下移动。

21 地震

▼ 空中拍摄的照片显示了圣安地列斯断层向南横跨卡利索平原达450公里,这个断层几乎延伸到了整个加利福尼亚州的长度。

▲ 一位老师在帕克菲尔德的单间教室里对学生进行至少一月一次的关于如何应对地震的训练。此校舍为装有防震窗户的抗震建筑。

前震

地面的前几次震动称作前震。紧随其后，主震来袭，地面震动。这种力量足以将桌上的物品震落，或者足以毁坏建筑。灰尘

第二章　解读地震　023

落定的时候，地震并未结束。在接下来的几天或几周内，地面可能会再次震动，这就是所谓的余震。所有的前震和余震都由地震本身的力量产生。

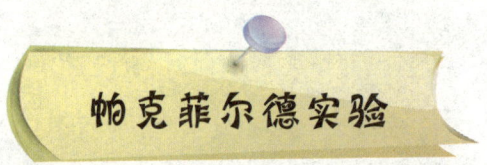
帕克菲尔德实验

帕克菲尔德镇坐落于美国加利福尼亚州的圣安地列斯断层之上，每10年到30年帕克菲尔德都会发生震级为6级左右的地震。自20世纪80年代以来，许多仪器被安装在了镇子的周围，来记录地面微小的震动，然后科学家便等待这场预测大约会在1993年发生的地震。但是事实上他们不得不比预期等待了更长的时间，这场地震最终于2004年袭来。

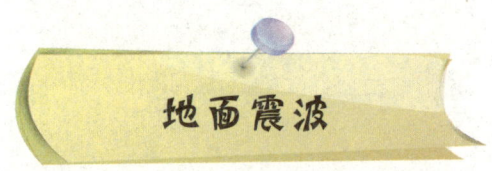
地面震波

2002年，大地震袭击阿拉斯加中部时，波丘派恩湾的一位居

▲ 初波和次级波可充当地震警报的作用,警示人们剧烈的震动即将袭来,在建筑物坍塌之时避免人们受伤。

民说他看见坚实的地面像水波涟漪一样升至20厘米的高度并且沿地面翻滚前行！这样的报道提示我们地震如何在地面上延展。地震开始时，振动波，即地震波从各个方向向外延伸开来。这些震波被不同的岩石层反射和折射，就像光从镜子中反射出来继而被镜片扭曲变向改变方向一样。通过研究这些震波，科学家可以辨别地震发生的地方和强度。

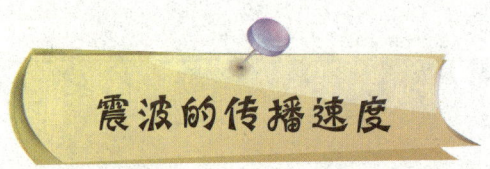

震波的传播速度

第一组到达的震动波是地震纵波，或称之为初波。地震纵波通常力量微小，会造成很小的伤害或无害。它们以每小时超过2万公里的惊人速度通过地面传播，这个速度要比大型喷气式客机的速度足足快上20倍！接着是更强大的地震横波，或者说次级波。它们以每小时1.2万公里的速度传播，这个速度仅是地震纵波速度的二分之一强。最后来临的是地面波，这是一种很强大、震动地表力度最大的地震波。

地震纵波能够穿过地球来传播，并且人们可以从地球的另一端检测到它。地震横波横穿地球的大部分区域,但是穿不过中心坚硬的地核,而地面波只是通过地面传播。通过研究不同地震波抵达的时间,科学家可以算出还要多久地震就会来到。如果拥有不同地点的三个监测器提供的信息,他们就可以精确地找到地震的确切位置。地震在地下发生的地点叫做震源。地表上正处于震源之上的点叫做震中。

▼ 地震产生向外传播的地震纵波(红色)、地震横波(黄色)和地面波(淡紫色)。

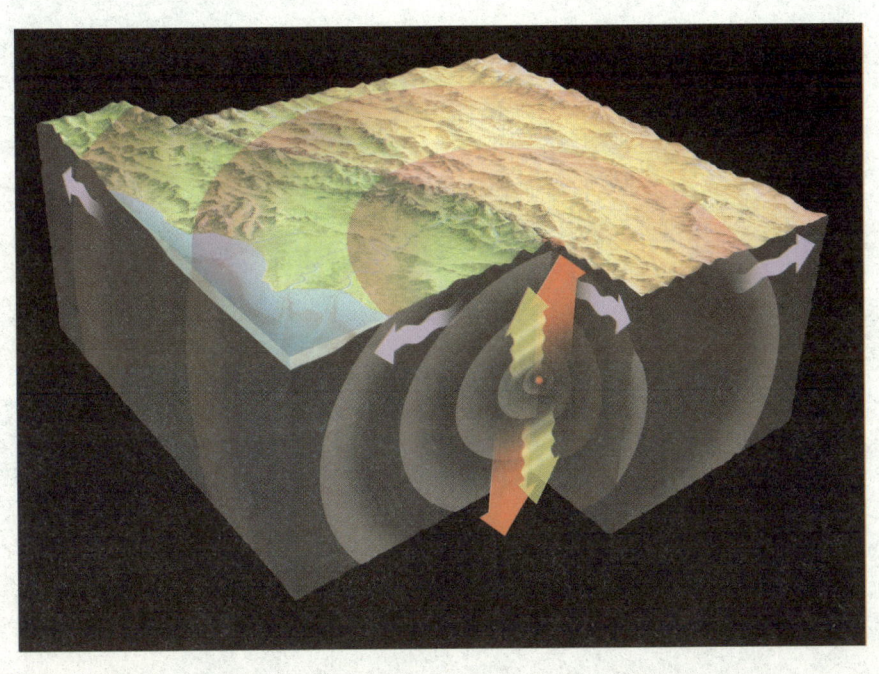

研究内容:通过探查世界范围内发生过的地震,来研究如何利用地震最初的震动,不等主震发生就拉响警报。

研究团队:美国威斯康星大学麦迪逊校区的理查德·M.艾伦和美国加州理工学院地震实验室的金森博雄。

研究过程:两位科学家利用了一些记录在册的信息和目击者提供的信息,而这些信息来源于全世界由古至今的众多地震案例。他们参考地震读数和地质学证据来研发地震早期预警系统。他们产生了这样一个观点：随着地震波由地面延展开来，较慢的、同时更具伤害力的地震横波远远落后在较快的地震纵波之后出现。

研究结论： 无破坏力的地震纵波可在更具破坏力的震动开始之前触发警报，几秒的警报足够给人们时间来隐蔽。此项研究的结果是研发出了称作地震警报系统的预警系统。此系统在加利福尼亚州以及其他地震频发区域提供预警，以此来减少伤亡。

如何测量地震？

人们把2009年4月6日袭击了意大利拉奎拉的地震描述为里氏震级6.3级地震。里氏震级是一种描述地震强烈程度的方式，数字越大，震级越强。里氏震级以美国地震学家查尔特·里克特（1900—1985）的名字命名。地震发生时，科学家查看仪器记录的信息来计算里氏震级。这也是一种呈现由地震释放的能量总量的方式。小于里氏震级2级的地震称作微震，这种地震震级太小，难以被人察觉，但却可以通过仪器监测到。能让物体咯咯作响的地震必将达到里氏4级左右。里氏震级每增加一级便意味着地震的烈度增加了10倍。地震达到里氏5级时开始破坏建筑物。

测量地震的其他方式

科学家通常用不同的方式来测量地震。关于断层的长度和它划过的距离的数据称作矩震级。这个数据在测量大地震时要比里氏震级更有优势。意大利科学家朱塞佩·麦加利（1805—1914）设计出了不需要任何科学仪器来测量的麦氏震级表。事实上，它依据人们看到周边事物的破坏程度来测量，所以适用于大众。它共分12级，人们看到的破坏越多，麦氏震级的数字或烈度就越大。

▼ 2008年，中国四川省遭遇里氏7.9级的大地震，数万人在地震中遇难。在1700多公里之外的北京、上海以及邻国，人们也感到了震感。

科学生涯

在取得物理学学位后,彼得·莫尔纳于1970年获得美国哥伦比亚大学授予的地质学(地震学)博士学位,他现在是美国科罗拉多大学的地质学教授。

一日掠影……

莫尔纳博士的工作很广泛,包括对地表的移动和变形的研究,尤其是在一些山脉形成的地方,比如说喜马拉雅山脉。2001年,在研究了喜马拉雅山脉的历次地震后,莫尔纳博士写道:亚洲其余地方的大地震其实在当时是早该发生的，而死亡人数也可能会很多。2005年10月8日，一场极具破坏性的地震在此区域发生。然而，科学家现有的认识还远未达到预测如此惨烈的地震的地步。

斯人斯语……

"如果说一次大地震会引发板块间的俯冲，这种情况极有可能是印度洋板块与喜马拉雅结晶块体推覆的俯冲。由此而引发的地震间隔在200年至500年之间，大约每隔300年就会发生一次。"

不断校正得到的客观事实

有时，当科学家得到有关地震的更多信息之后，就不得不改变地震级数的记录。这样的情况就发生在2004年苏门答腊岛附近地区发生的大地震中。随着科学家收集到的地震信息的增多，他们意识到这次地震要比他们先前预想的更加强烈。

地震的声音

任何经历过地震的人都知道那种嘈杂的声音：窗户碎裂、砖块和混凝土掉落砸向地面、书架和碗柜中的物品倾泻而下。然而，即便是没有这些破坏造成的声响，地震本身也会发出噪音。

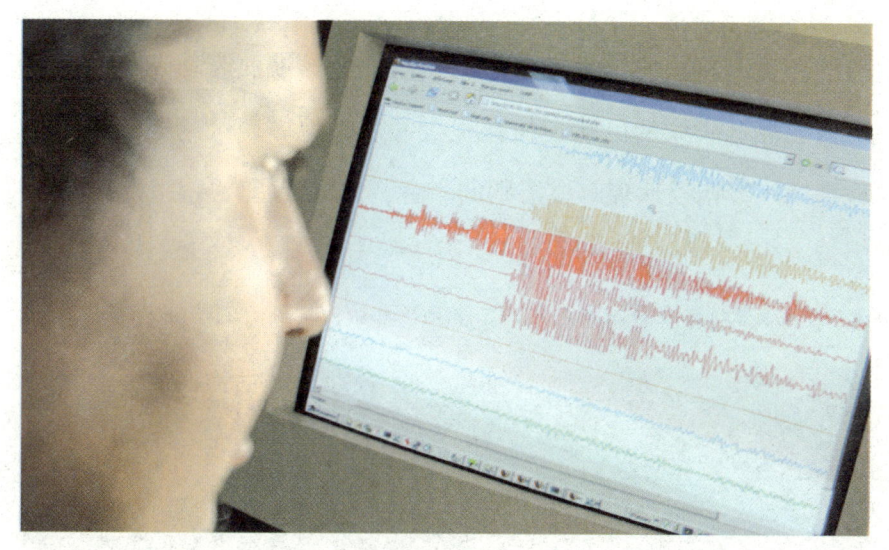

▲ 这位科学家在观察地震活动时电脑的读取数据。这种监控方式往往是我们查明无声地震的唯一方式。

如何听到地震的声音？

　　人耳能够听到振动频率在每秒20次和2000次之间的声音，而地震产生的震动就在这个数值范围内。当地面开始震动时，地面上的空气也在震动，从而使我们能听到空气中震动的声音。较大的地震产生大面积的缓慢的地面震动，从而产生冗长、低沉、隆

第二章　解读地震

隆的声音；较小的地震产生小面积的快速的地面震动，从而产生更为短促、尖锐的巨响。住在很少发生大地震地区的人们经常把地震的声音错误地理解成了别的声音，比如说雷声或是爆炸声。

▼ 无声地震持续在基拉韦厄火山下发生（此图为实地的观察图）。

课题研究:

无声地震

研究内容:科学家想要探测无声地震发生的证据并调查它形成的成因。

研究团队:保罗·西格尔是英国斯坦福大学的地球物理学教授,彼得·塞维利是来自美国地质勘探局的夏威夷火山观测站的地球物理学家。

研究过程:来自全球定位系统(GPS)空间卫星的信息表明,夏威夷基拉韦厄火山下面于2000年11月发生了相当于里氏

5.7级地震的断裂。地震持续了大约36个小时，结果，火山的一侧向海中滑落了8.7厘米。由于震动极其缓慢，常规的地震探测器没有监测到，且没有人觉察到地面震动。如今科学家确认在1998年9月、2003年7月和2005年1月都发生了类似事件。

研究结论：最初，科学家认为异常的降雨会引发地震。如今他们意识到这些缓慢发生的震动和众多小型普通地震有所联系。似乎地球的变化就是由引发小型地震的缓慢断裂活动引起的。

无声地震

发现存在无声地震的证据之前,科学家过去一直认为所有的地震都是有噪音的。地面震动得越慢,产生的声音越低沉。事实上,震动传播的速度如此缓慢以至于人耳难以听到任何声音。大多数地震能持续几秒或最多几分钟,但是断层却可以在无声地震中缓慢地进行一两天。最近的发现表明,从1998年到2005年,夏威夷发生过四次无声地震。发现这些无声地震的其中一名科学家说道:"我们无从得知无声地震有多普遍,因为到目前为止,我们并没有能力或工具来进行测量。"

地震群

虽然每次新闻头条报道的都是一次单一的地震,但是科学家发现众多小地震会在同一地点一起发生,这些地震被称为地震

▲ 2003年年底，由小地震形成的群震袭击了位于美国加利福尼亚州和内华达州的塔霍湖地区。

群。在一个地震群中可以有几十次、几百次或上千次地震。一次群震可以持续数天、数周甚至数年。地震群很少出现在新闻报道里，因为它们力量微小，且基本不造成伤害。然而，科学家对此很感兴趣。地震的数目、力量和震源深度为科学家研究地表如何移动的问题提供了有价值的线索。

搜寻地震群

研究地震群的科学家越多，他们的发现就越多。地震群发生的位置一般离火山很近，在此处发生的群震可能由岩浆（熔岩）移动地底的岩石造成，但是群震也会在远离火山的地方发生。群

震甚至会在发生过几次大地震的地区发生，比如像英国和澳大利亚这样的地区。2000年，在澳大利亚西部的巴拉金镇地底下发生了由数以千计的地震组成的群震。而在2007年，另一群震袭击了英国的曼彻斯特城。

在一个月内，英国地质勘探局记录了6次里氏2.4级的地震。2002年，此处记录了超过20次达到里氏3.9级的地震。群震也会在诸如美国和日本这样大地震频发的地区发生。2005年2月27日，群震在远离美国西北海岸的太平洋底下发生。在不到6天的时间里，3742次地震得以记录。有时，每小时发生的地震就会多达70次。

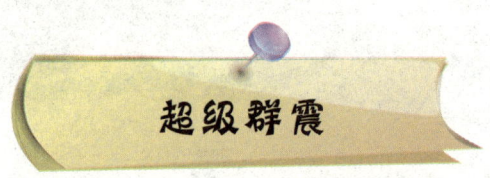

超级群震

有些群震因在短期内发生许多次地震而被称作超级群震。2000年，仅在两个月的时间内就在日本东京附近的海床区域发生了一次包含7000多次地震的群震。

山脉移动的秘密

研究内容: 在2003年,美国内华达州的斯莱德山上升了将近8毫米。科学家调查了此现象和塔霍湖底部发生的群震之间的联系。

研究团队: 由来自内华达大学地震科学实验室的肯·史密斯和该大学的内华达州矿业和地质局的地球物理学家杰夫·布鲁伊特领导的科学家团队。

研究过程：设置于美国内华达州斯莱德山脉的灵敏仪器显示，在2003年年末，此山脉突然朝西北方向向上发生移动。而山脉的移动与一次聚集了1600次小地震的发生在斯莱德山脉地底和附近的塔霍湖的群震同步发生。

研究结论：斯莱德山的移动似乎由地底移动的岩浆造成。这些岩浆的力量造成了几公里的岩石分裂并造成了地表上移。

第三章　地震的诱因

板块碰撞

　　大地震是由地球构造板块边缘发生的断层引起的，但是地震也会在其他地方发生。2005年5月1日早晨，美国阿拉斯加利福尼亚州的居民被地面的晃动惊醒。这个州与板块边缘并不相近，那么为什么地面产生了晃动呢？

21 地震

▼ 数量较少的火烈鸟聚集在东非大裂谷地区的纳库鲁湖水域。这个裂谷由两个大板块的分离而形成。

第三章 地震的诱因 047

缓慢的碰撞

地壳的大板块能够以三种方式移动并产生地震：聚合、错动和张裂。例如，印度北部和巴基斯坦地区的地震是由两个板块类似汽车互相缓慢碰撞而产生的；发生在美国西海岸加利福尼亚州的地震是由两个板块错动彼此而产生的；而东非发生地震则是因

▼ 此图展示了板块的碰撞。中心的上部是海洋地壳构造板块。被地球内部地核和地幔的活动向上推的岩浆到达地表继而喷发。这种力量施力于位于临近海岸板块之下的海洋地壳构造板块的外部边缘。

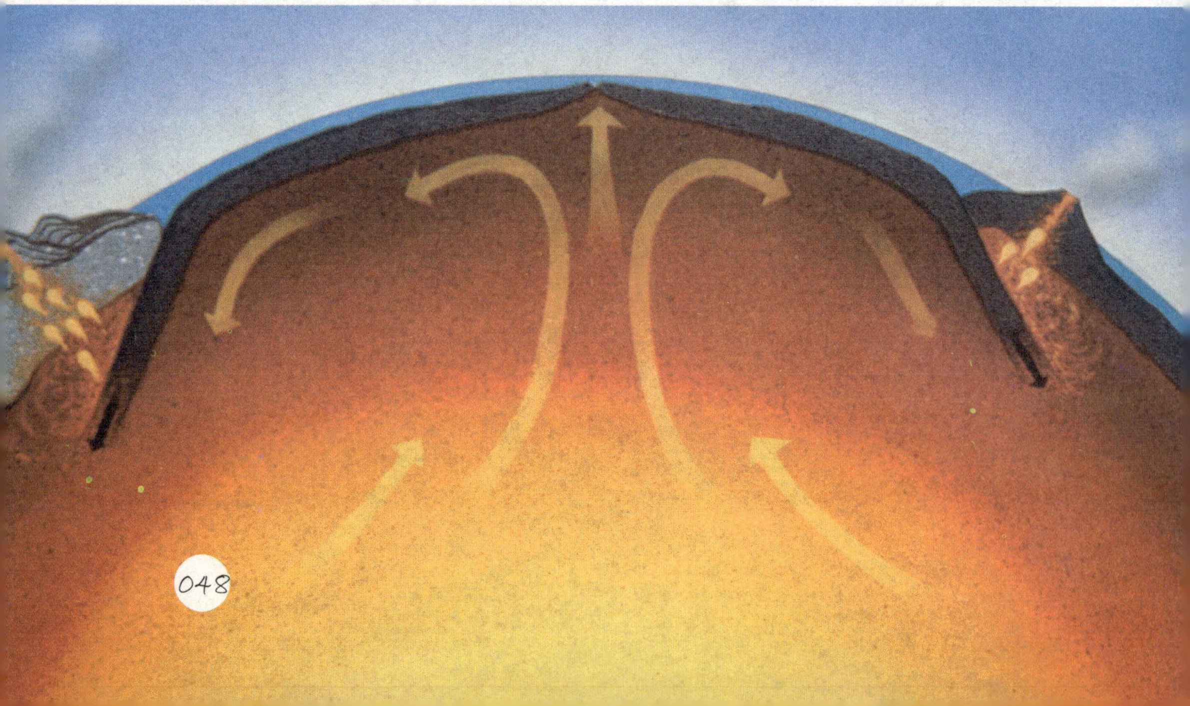

为整个大陆分裂成了两部分,而这两个板块正在产生张裂,两个板块间的土地塌陷而形成东非大裂谷,最终,东非将会分裂并移离大陆,然后印度洋会涌入裂隙而形成一片新的海洋。

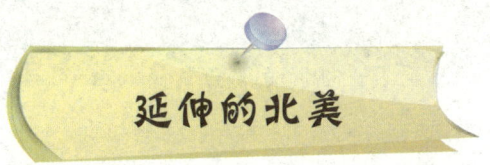

延伸的北美

美国阿拉斯加利福尼亚州远离美国所处的地壳板块边缘,然而在19世纪10年代初此处却发生了几次北美最大的地震。如今此处仍然有地震发生。科学家认为北美在数亿年以前就试图自我分离,但却没来得及完成这个过程。大陆中部延伸造成了称作断裂的裂缝。如今地面还在移动,因此每年都有200次小地震在此处发生。

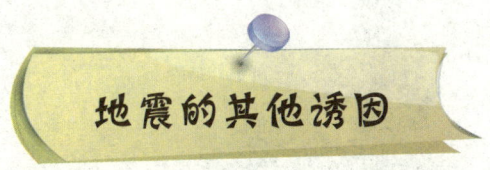

地震的其他诱因

任何改变地面力量平衡的因素都能导致地震的发生。地面超负荷的重量能造成断层滑动。当凹地灌入水流建成蓄水池时,数

21 地震

▲ 水坝被用来储水以为人所用，但是地表断层上水的重量有可能造成地震。

百万吨的水会在顶部聚集。当加利福尼亚州北部的奥罗维尔大坝后面的蓄水池于1975年注水之时，一场5.7级的地震袭击了此地区。这场地震可能是由于水的额外增重造成的。

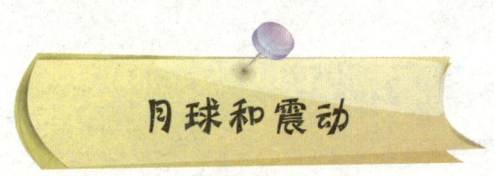

月球引力吸引地球的海水，一次涨潮在接近月球的地球边缘地带形成，而一次较小的涨潮在地球相反的一侧形成。随着地球的旋转，这些潮汐也在绕着它移动。当一个潮汐经过时，就会产生一个高潮。每天都会有两次涨潮，产生两次高潮。伴随每次高潮到来而增加的巨大水压压迫着海滨地区，而这有可能且足以在某些地区引发地震。月球经过地球上方时，地表为之吸引，而这也可能并足以引发地震。

摩天大楼会引发地震吗？

摩天大楼拥有惊人的重量。世界上最高的建筑之一是位于台湾、重达70万吨的台北101大厦。来自国立台湾师范大学的地质学家林正洪认为，这座重量巨大并有可能坐落在地震断裂带上的建筑可能引发过地震。果然，这座建筑在修建过程中，小地震的数量就开始增多，而自它建成以来已发生过两次较大的地震。

▼ 高509.2米的台北101摩天大楼是台湾最高的大楼，也是世界最高的大楼之一。

课题研究:

潮汐和地震

研究内容：寻找地球潮汐可以引发地震的证据，即地球潮汐因月球和太阳对地球的引力而产生。

研究团队：约翰·维达莱教授和来自美国洛杉矶加州大学的伊丽莎白·科克伦。

研究过程：团队分析了发生于1997年至2000年之间的2000次强度大于里氏5.5级的地震记录。哈佛大学的地震学家提供了地震的数据信息。来自日本国家地球科学和灾难预防研究所的田中幸子提供了潮汐运算。

研究结论：团队证明了高潮确实可以引发地震。地球潮汐使得海水发生搅动，依次一天两次，增加和减低对地表断层的压力。团队发现在他们研究的地震中有3/4是在潮汐力达到最大值时发生的，他们还发现大型潮汐能产生不寻常的影响。他们证明海平面仅仅两米的上升幅度足以引发一场地震。地震本来无论如何都会发生，但是高潮能让这一过程提前。

地震本身会引发地震吗？

每年，全世界会有超过5万次因震感强烈而人能感觉到的地震发生。科学家过去认为这些地震是相互独立发生，并且一次地震不会引发其他地震。但如今科学家开始在地震和可能引发其他地震的地震之间寻找关联。有些地震似乎可以引发一段距离以外的其他地震。当断层错动并产生地震时，使断层错动的力量并不总是会消失。它们可能会沿着断层移动，继而引发其他地方的另一次地震。

拉开断层

如果地震一次接一次沿着断层发生，就像是一排多米诺骨牌依次跌倒一样，我们就把这种现象称作地震风暴。地震风暴可以持续很长一段时间。众所周知的地震风暴在过去的70年里持续在土耳其发生。自1939年以来，地震持续爆发并沿着称作北安纳托利亚断层的地面裂缝向西移动。如今，科学家认为强烈地震产生的冲击波也能震动远处的断层，而这足以使得断层开始移动。第一条证明此现象有可能正在发生的线索来自于1992年一次袭击美国加利福尼亚州北部兰德斯的强烈地震，这次地震是40年间袭击此地区的最强地震。随着冲击波通过地面扩散开来，更多的地震在遍及美国西部的范围内被记录下来。这些地震在兰德斯地震发生的几分钟内发生并且持续了几个月。一些地震发生于美国怀俄明州的黄石国家公园的地下，而此处距离兰德斯达1200多公里。

▼ 黄石国家公园的间歇喷泉受到了发生于公园地底的由阿拉斯加的一次远距离地震引发的小型地震的影响。

课题研究：

远程地震

研究内容： 2002年，一场强烈的地震在袭击了阿拉斯加的同时也可能改变了黄石国家公园间歇喷泉的时隔和特点。科学家开始着手寻求这种远距离影响的证据。

研究团队： 由来自美国犹他大学的地质学家和地球物理学家罗伯特·史密斯教授带领的科学家团队。

研究过程： 团队研究了位于美国怀俄明州的黄石国家公园。随着2002年阿拉斯加强烈地震的震动波通过地球传播，1000多次小型地震在公园地下得以监测。间歇喷泉，即一种由不时喷出的蒸汽和热水形成的温泉，也受到了影响。一些间歇喷泉的喷发变得更为频繁，而且一处间歇喷泉的水温比原来升高了两倍多。

研究结论：阿拉斯加的地震确实引发了远在3000多公里以外的怀俄明州的小型地震。

超级大地震

世界上发生的多次大地震成了最重要新闻头条,它们也被称作大型逆冲断层地震或是大地震。它们是在一块地壳板块滑到另一块地壳板块之下时发生的。板块边缘连接在一起,但是板块持

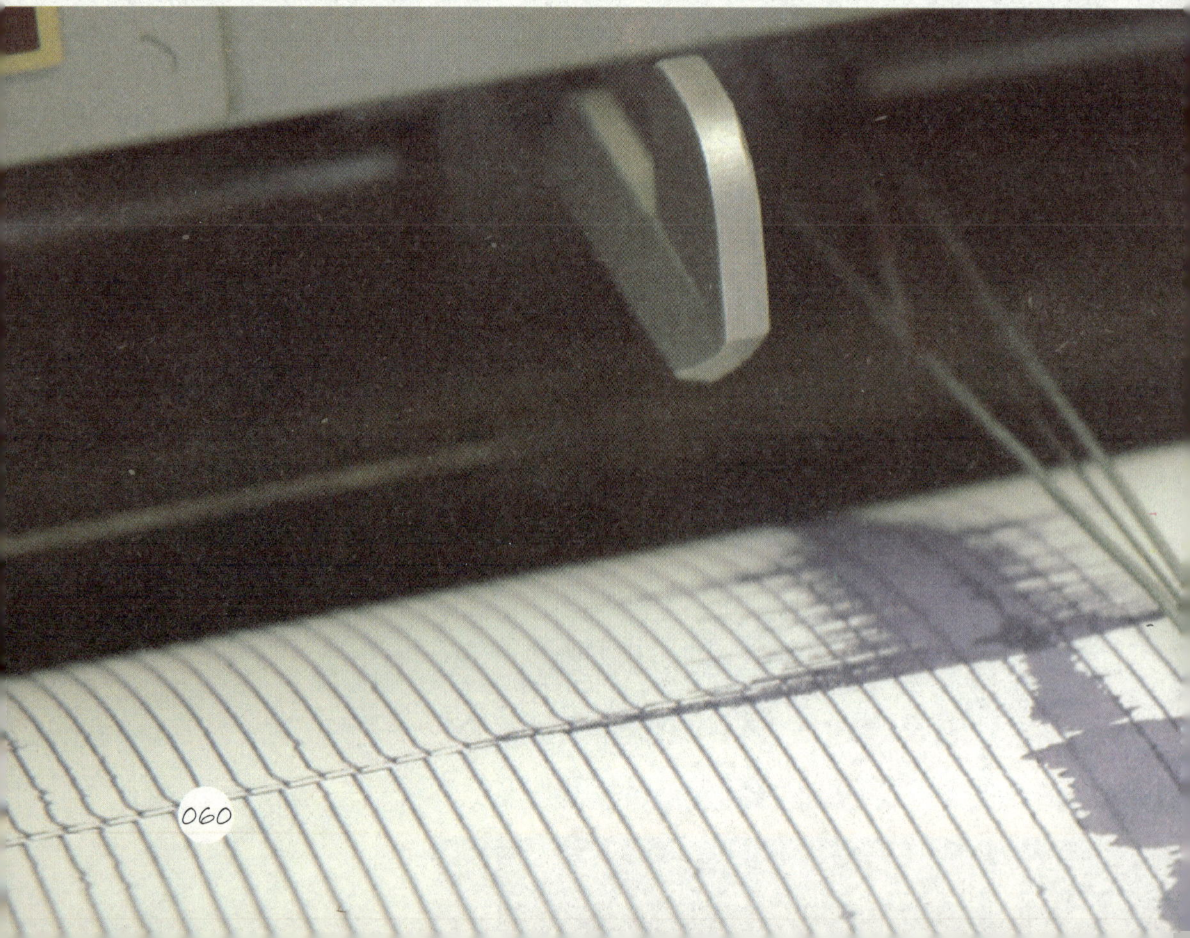

续移动。地壳一点一点地发生弯曲，或许这个过程长达数百万年乃至成千上万年。然后，所有储存在断层中的能量会突然在一次令人震惊的大地震中得以释放。大地震要比其他地震持续的时间更久，达到大约里氏5级的小型地震可能会持续几秒钟，达到里氏8级的较大地震可以持续1分钟，然而大地震的强烈震动能持续好几分钟。

▼ 通过分析记录站的地震仪上面的读数和研究其他证据，地质学家能搞清楚发生了何种类型的地震。

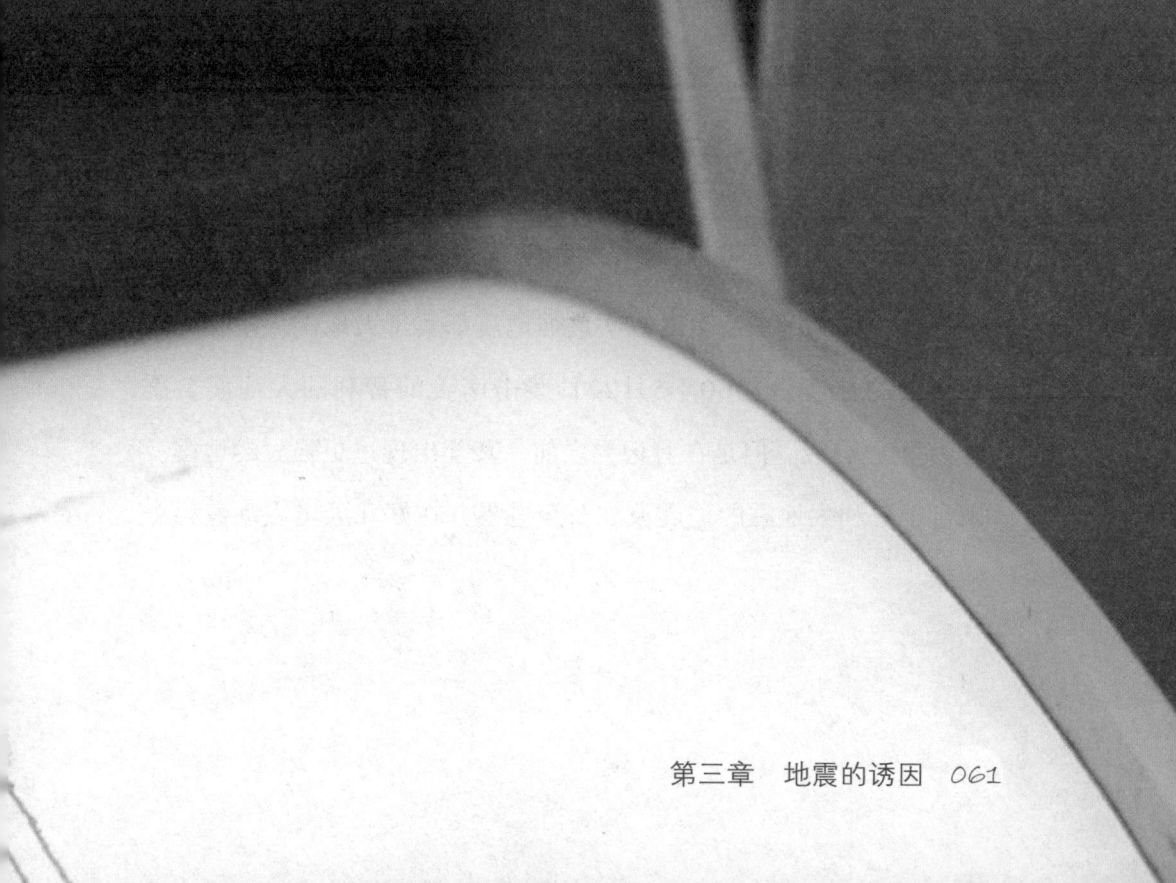

一次这种大地震的断层沿美国西北海岸延伸了1000公里。当断层错动时就会产生大地震,但是这种情况什么时候会发生呢?地质学家研究了地表的证据,证据表明这个断层大约每550年产生一次相当大的地震。最后一次大地震发生在300年以前。

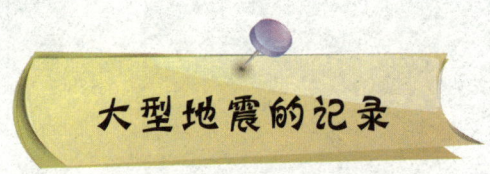

自1900年以来发生的五次最强地震都属于大地震。现存记录中最大的地震是1960年5月22日袭击南美的智利的大地震,震级为里氏9.5级。但是在有记录之前,甚至出现过更强大的地震。来自于智利大地震的地震波波及全世界并在好几天里震动着整个地球。

记录大地震的发生日期

科学家想知道过去大地震发生的频率,这可能会为推断将来可能发生大地震的时间提供有价值的线索。地平面的突变能帮助科学家详细记录这些灾难性事件发生的日期。

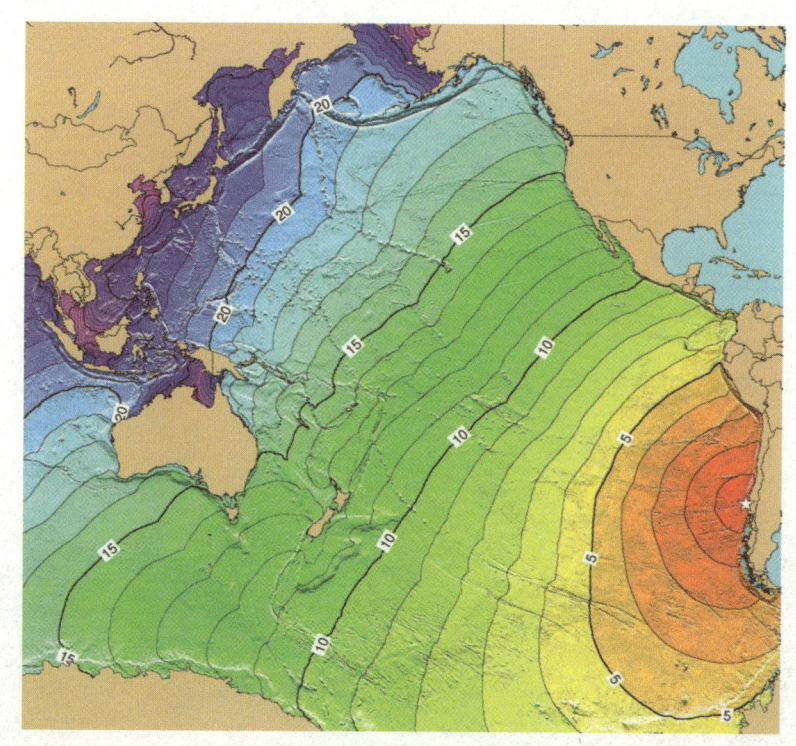

▶ 1960年,南美的智利发生了一次席卷太平洋的大地震。

第三章 地震的诱因 063

科学生涯

布莱恩·阿特沃特博士是一位在美国地质勘探所工作的地质学家,同时他也是华盛顿大学的教授。他主要从事大地震和美国西北地区太平洋海啸的研究。

一日掠影……

在过去的几百万年中,美国西北海岸线一直稳步升高,因为它一直受到周围构造板块的挤压。阿特沃特博士和他的团队发现了一片古老的红香柏树树林,而这片树林似乎在海岸线下降时突然死亡了。海岸线下降本来会导致海水倒灌,淹没土地,使红香柏树中毒。像这样海岸线突然下降几米的现象只可能由灾难性的大地震引发。通过研究树干年轮的形态，他们得出这样的结论：这些红香柏树的死亡发生在同一年的同一个季节里。这一点为发生在大约1700年前的一次大地震提供了首要证据。

斯人斯语……

"直到现在，科学家还只是从地质推断中了解地震……"但是有了这些研究，地震和海啸记录之间的联系是"如此紧密，因此，这些坊间记录成了证明地震发生的书面证据"。

其他星球会震动吗？

科学家发射空间探测器来研究大多数星球和大多数人造卫星，他们已经在月球和火星上安放了地震探测器。在1969年到1972年之间，阿波罗号宇航员在月球表面安放了科学仪器，而仪

器在宇航员回到地球后很长一段时间里继续执行任务。在将近8年的时间里，月球上的仪器记录了12558次震动，其中的一部分是由陨石（空间岩石）撞击月球表面造成的，其他的则是由月震造成的。

月震的成因

月震与地震不同。地球表面是由漂浮在滚烫的地幔顶部相互分离的地壳板块组成，但是月球在大约30亿年前就冷却了，所以月球上并没有移动的地壳板块。一些月震在月球上的日出时发生，这是由阳光突然加热月球表面，使其受热膨胀引起的震动造成的。大多数月震发生在地下几百公里的地方。由于月球绕地球旋转，而地球绕太阳旋转，月球受到太阳和地球引力的吸引和挤压，而这些强大的力量足以引发地震。

◀ 1969年，艾伦·比恩在阿波罗12号任务中，他在月球表面搭建阿波罗月球表面实验装置。

维京二号空间探测器于1976年登陆火星时，带去了一个记录火星震动的仪器。几十年间，空间探测器不断在火星上拍摄图像，因而科学家可以分别比较不同年份拍下的照片。一些不同时期的照片展示了可能由震动引起的变化。科学家发现岩石沿着斜坡下落，这同时也证实了滑坡现象的存在。

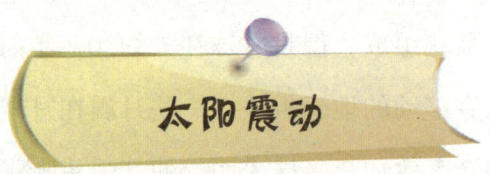

令人们惊奇的是，甚至像太阳这样的星球也会经历震动。太阳并没有坚实的表面，但是巨大的爆炸使得耀斑将震动波以波浪的形式通过表面传送。一次耀斑爆炸产生的能量相当于成千上万次地震产生的能量。

研究内容： 美国国家航空航天局的科学家想要探明月球内部的样子。为了达到目的，他们有意地制造月震。

研究团队： 美国国家航空航天局的科学家和宇航员。

研究过程： 在20世纪70年代，科学家用废弃不用的火箭和空间探测器有意撞击月球，以造成月震。震动通过月球传播并被阿波罗号宇航员留在月球表面的探测

第三章 地震的诱因

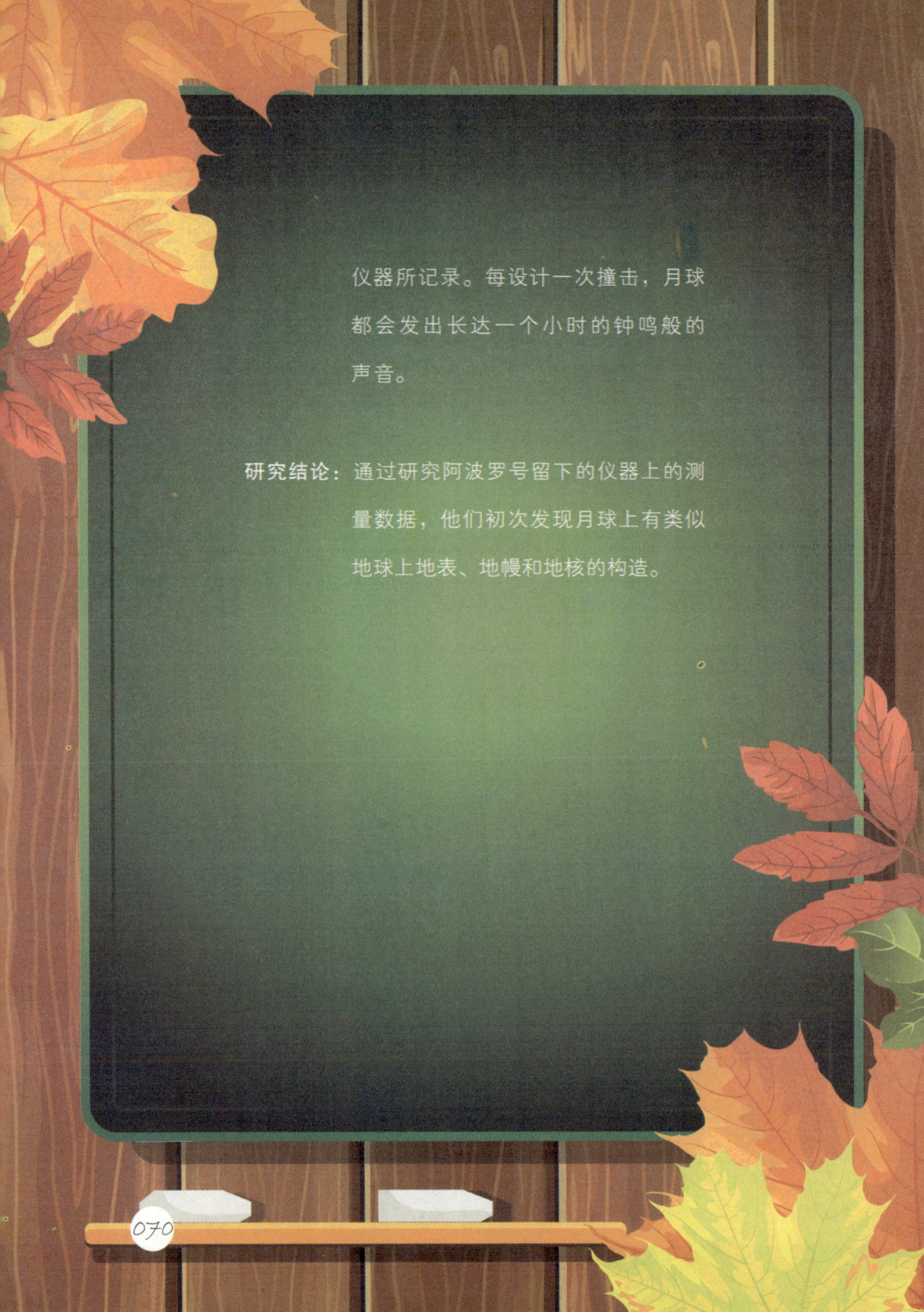

仪器所记录。每设计一次撞击，月球都会发出长达一个小时的钟鸣般的声音。

研究结论：通过研究阿波罗号留下的仪器上的测量数据，他们初次发现月球上有类似地球上地表、地幔和地核的构造。

第四章　地震的能量

地震的破坏力

　　一次大地震的能量可以与成千上万颗原子弹的能量相提并论，所以我们对地震造成严重破坏这一点并不感到惊奇。但是大地震的破坏不仅仅是摧毁房屋，它们还可以改变海岸的形状，甚至是移动整个陆地。新闻报道头条上的大地震一般都是涉及地震造成的伤亡情况。大多数死亡并不是由地震本身造成的，而是由建筑物的倒塌造成的。

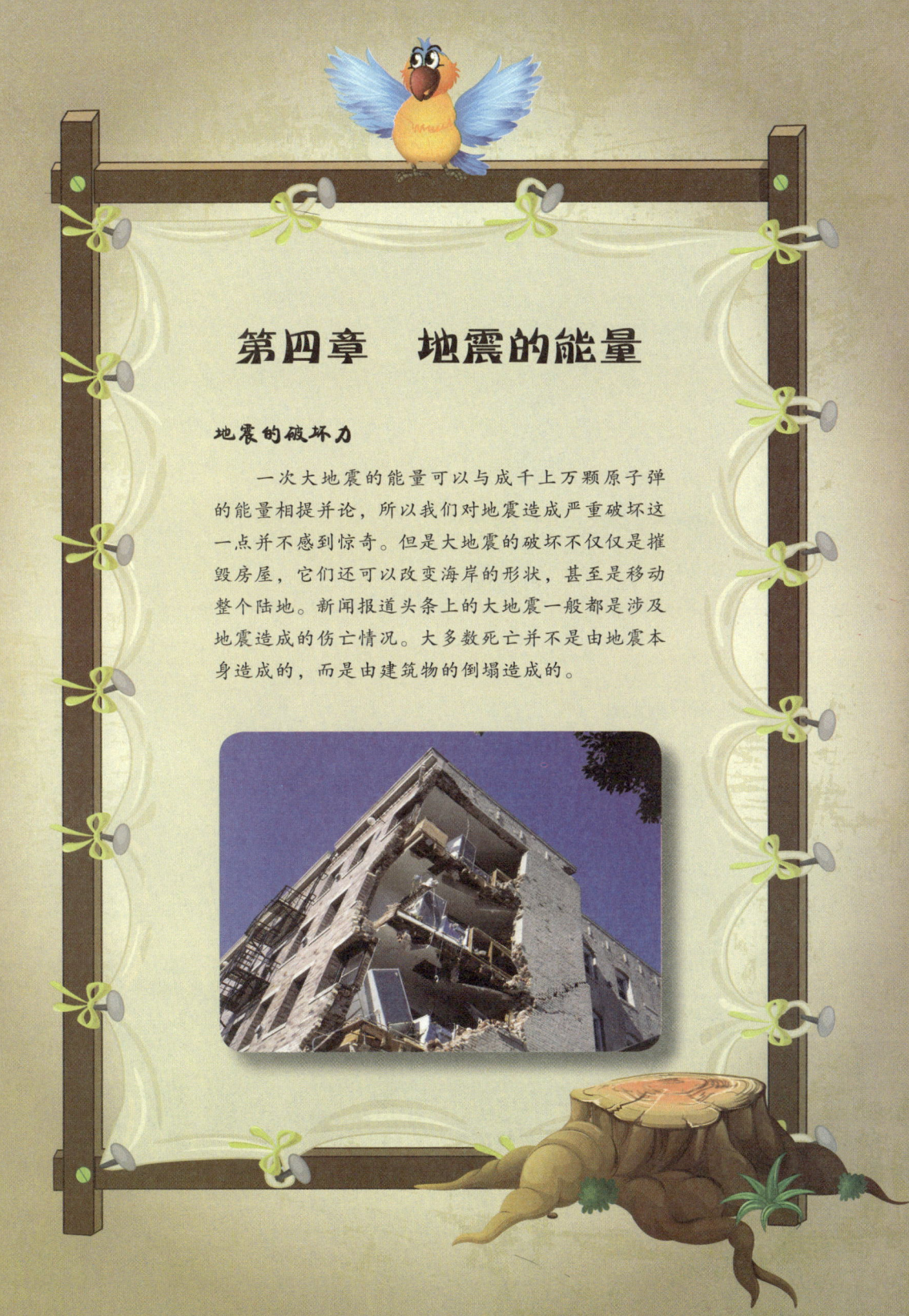

21 地震
st CENTURY SCIENCE

▼ 这张美国的地震危害图显示出地震对建筑物造成破坏的风险在西海岸地区达到了最高值。

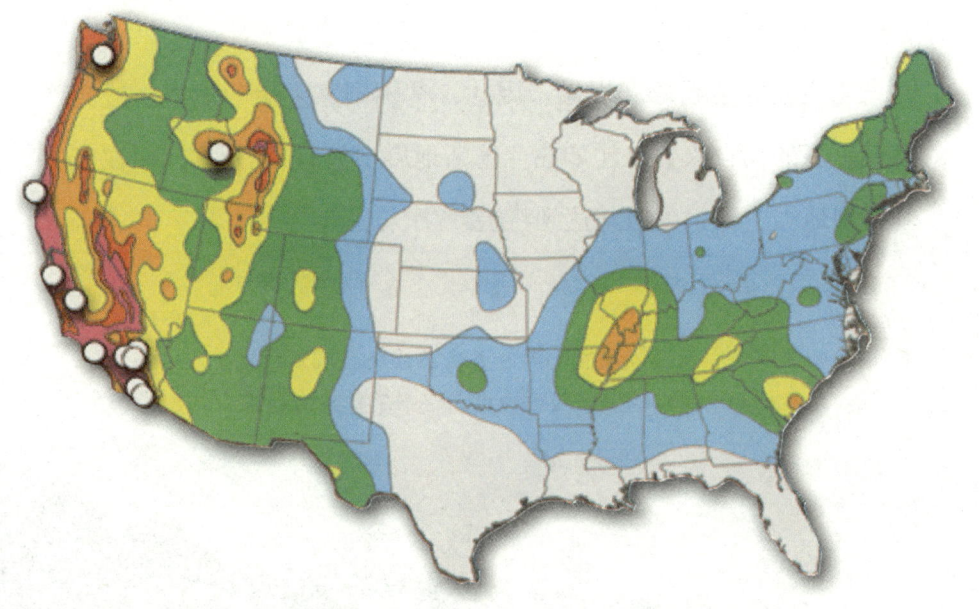

▲ 在美国，将近75%的犹他州人居住在沃萨奇断层附近。这个断层的移动抬高了沃萨奇山脉，以此形成盐湖城后面的一幅壮观的景象。

不堪一击的受害者

  1992年，当兰德斯地震袭击加利福尼亚州时，750名群众无家可归。2005年，相似震级的地震袭击巴基斯坦时，300万人流离失所。由于建筑方式落后，建筑材料不坚固，贫困国家的房屋在地震中受损更为严重。这些房子一般由泥砖搭建，当地震震动它们

第四章 地震的能量 073

时，它们会完全粉碎和坍塌。因此，贫困国家发生的地震一般会造成更多的伤亡人数。比如在兰德斯地震中只有1人死亡，而在巴基斯坦地震中死亡人数却达到将近7.5万人。

▼ 冰岛的克莱法尔瓦腾湖在2000年造成地面分裂的地震中发生泄漏。此后一年中其水位下降超过四米，留下了贫瘠的湖床。

标志危险

地震学家会绘制被称作"地震危害图"的地图来显示地震危险度最高的地区。官方人员根据这种地图制定规章条例来在这些地区建造更为安全的建筑物。科学家和工程师通过震动模型建筑，使用振动台这样的平台来研究建筑物如何被摧毁。他们可以通过设计让振动台以真实地震的方式来震动。

改变地貌

毁坏的建筑物和道路可以修复，但是地震也会造成一些永久性的地貌变化。如果山坡上松软的泥土和岩石受震动变松，重力随后就会发挥巨大的作用，整个山坡会滑向山谷。随着土地的流失，建在接近悬崖边缘或是山坡上的房屋就有坍塌的危险。一个小山坡的坍塌可能会阻塞一条道路，但是一个大山坡的坍塌却可以掩埋整个村庄。有些足够大的山坡能在太空中观察到。

▲ 地震可以带动山坡上面的房子肆无忌惮地震动整个山坡。

海岸的变化

新西兰的海岸线因受到1931年的大地震的影响而发生了变化。在位于北岛的纳皮尔市，一个内陆悬崖距海滨有几公里远，而它过去就位于水域的边缘。1931年的地震抬高了海岸，使得海岸线相比以前增高了两米。悬崖下的海床形成了新的海滨。将来的地震甚至会让海岸线变得更高。地震也能移动整个岛屿，2000年日本外的海域下发生的一系列地震，将新岛和神津岛的距离拉开了将近一米远。2004年的地震使苏门答腊岛和印度尼西亚的距离缩短了好几米。

拔掉塞子

强烈的地震足以在地面造成裂缝。如果地面裂缝接近湖泊或者河流的地方，水可能会流入裂缝，就像是拔掉了浴缸的塞子。冰岛的克莱法尔瓦腾湖流入了一条可能由地震产生的新裂缝中。

课题研究：

消失的湖泊

研究内容：2000年，一次地震在冰岛的克莱法尔瓦腾湖中造成了一条裂缝。科学家想要查明为何这个湖泊正在消失，以及它消失得到底有多快。这个湖有6公里长、2.3公里宽。在仅仅一年的时间内，它缩小到了3.5公里长、1.8公里宽。

研究团队：来自冰岛雷克雅未克的北欧火山研究所的地质学家艾埃米·克利夫顿和她的同事。

研究过程：团队在湖的边缘发现了一个宽度达30厘米、长度达400米的很深的地面裂缝。他们还发现当把耳朵贴到地面时甚至可以听到水流声。团队在湖中进行了测量，测量数据表明湖水正以每天一平方厘米的比率流失。

研究结论：在冰岛的记录中，没有地震强大到足以使地貌发生巨大的变化。团队提出或许是2000年发生的一次无声地震造成了地貌的变化。水流可能起到了润滑断层带的作用，使得断层安静而缓慢地断裂，避免了震动波的产生。这个湖或许不会完全消失，因为水流会寻找一个新的更低的水位。

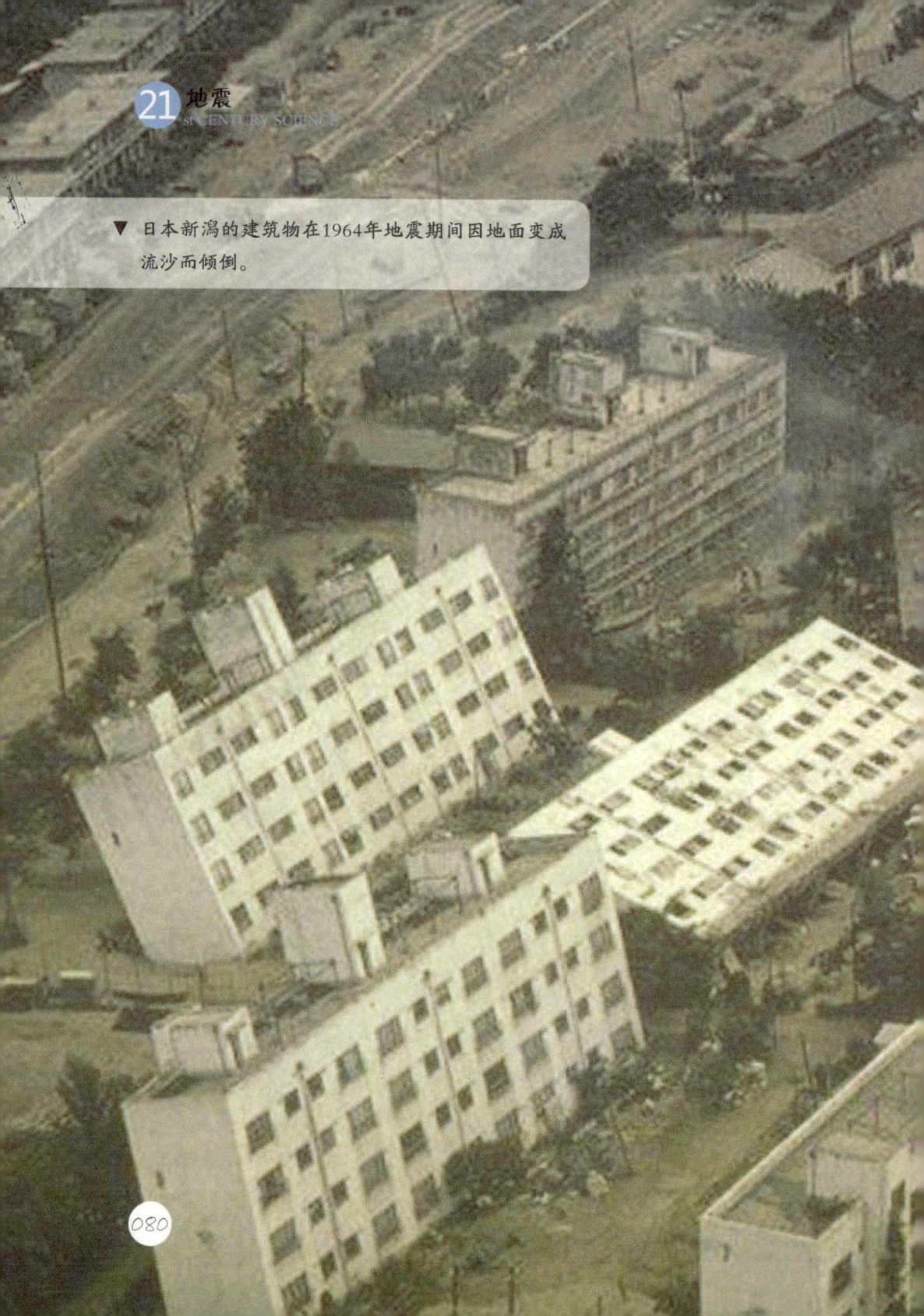

▼ 日本新潟的建筑物在1964年地震期间因地面变成流沙而倾倒。

第四章 地震的能量

建筑物沉降

当日本新潟在1964年遭遇地震时,此地区的照片表明建筑物以惊人的角度倾倒。而25年之后,美国加利福尼亚州的洛马-普里埃塔地震的电视图片显示建筑物以同样的方式倾倒,有一些建筑物甚至沉入了地下。航天飞机上进行的实验帮助科学家了解了原因。当潮湿、沙化的土壤受到地震的震动时,土壤会像液体一样流失,这种现象叫做液化。如果土壤变成流沙的话,任何建在其上面的建筑物都可能会沉入地下。当液化现象发生时,整个建筑物会沉入土地。如果建筑物一侧比另一侧沉得更深得话,它们就会发生像日本新潟和洛马-普里埃塔地震中的倾斜现象。

土壤强度的秘密

沙化土壤的强度取决于沙粒间的自身强度的摩擦力。一般来讲，沙粒会聚集在一起。这种土壤遭到震动时，沙粒会分离开来，而水分会进入间隙。水分使得沙粒间更容易互相滑动，因此，土壤失去了强度，而上面的建筑物也会开始沉没。随着土壤崩塌，地下水可能会像喷泉一样涌出地面。

太空土壤科学

当科学家在实验室研究土壤液化实验时，重力对土壤微粒的作用影响了实验结果。这样就很难分清什么是重力产生的效果，什么是土壤自身产生的效果。科学家想要消除重力影响来观察土壤的作用过程，所以他们在外太空里进行实验。土壤液化实验是在航天飞机中完成的，在太空中，土壤微粒是失重的。

▲ 航天飞机上执行任务的航天员正在进行土壤液化实验。

第四章　地震的能量　083

研究内容： 实验的目标在于研究不能在地球上复制的土壤作用过程。在航天器绕地球运动的失重状态下查明土壤液化的过程。

研究团队： 来自美国国家航空航天局下设的马歇尔航天飞行中心的实验项目经理巴迪·盖恩斯和他的团队。

研究过程： 几根装有1.3公斤来自渥太华的沙子的

塑料管随三号航天飞机执行任务。在太空内，它们被水所浸泡并夹在两块钨金属块之间。摄像机记录了发生的一切，回到地球后，样本被X光扫射来显示沙粒如何移动。

研究结论：这个实验揭露了关于土壤微粒连接方式的新信息，这使得工程师可以在地震频发的地区设计更坚固的建筑物地基。

动物能感觉到地震吗?

在地震后接受采访的人们常提及他们的宠物或是农场里动物在地震前行为异常。这种认为动物比人先感觉到地震的说法

▼ 大象可能会在地面震动之前感觉到地震,以此来提醒人们注意。

可以追溯到2000多年以前，但是相关的科学证据却很难找到。美国地质勘探所在20世纪70年代调查了地震对动物的影响，但却没有找到有力的证据。如果动物的行为在震前发生变化，这并不表明两者之间存在联系。肯定有很多次动物出现了异常的反应，但是如果地震没有随之到来，那么它们奇怪的行为会很快被忘记。

大象能听到地震到来的信号吗？

如果动物真的能感知地震，它们可能会怎么做？称作前震的小震动通常在地震之前发生，而许多动物可以感觉到小的震动。众所周知，大象使用低得人类难以听到的音调进行交流，这被称作低频声音。地震产生相似的声响，因此像大象这样的动物或许可以听到或感觉到地震最初的震动。

电学和磁学

有时电和磁场会在地震中被探测到。人们知道有些鸟能在地球磁场的导航下长距离飞行,它们可能会感知到自然的磁力变化。这些都是动物可能比人早一点觉察到地震的方式。我们无法感知到地面的微小运动,但动物可以发现土壤释放的蒸汽。众所周知,狗的嗅觉极其灵敏。

▶ 狗有可能通过嗅觉来觉察地震。

研究内容：就在1995年一次地震袭击日本神户之前，八木健教授注意了到他实验室里老鼠的异常行为。他设计了一个实验来检测是否是地震造成了它们的异常行为，并以此来证明动物具有先于人感知地震的能力。

研究团队：来自日本大阪大学的八木健教授和他的团队。

研究过程：这些老鼠被放置在一个稳定的环境内

达两周时间,以便监测它们白天和夜晚的活动节奏。然后把它们暴露在非常微弱的电磁脉冲环境中,以此来创造一个类似于地震中检测到的电磁环境。

研究结论:在暴露在电磁脉冲环境中时,老鼠的活动增多。所有动物,包括人在内,都有一个内在的生物钟来调节睡眠类型。老鼠的生物钟可能更易被地震发生几天前所发出的电磁能量所扰乱。对此,我们还需要更多的研究。

影响全球的地震

地震会移动无数的岩石,它们能移动岛屿、变更海岸线并使得大片陆地上升或下沉。这些事实使得一些科学家怀疑是否地震会影响整个地球。美国国家航空航天局的科学家计算出2004年的苏门答腊地震的强大力量改变了地球的自转周期,缩短了昼长,改变地球外观的同时也使北极的位置发生了偏移。这是有记录以来最强烈的一次地震,但对大多数人来说,即便如此强烈的地震,给他们的日常生活带来的变化也是微乎其微,因而他们也很难注意到它。

白昼缩短

地震让地球的转速快了一点,这和滑冰者收拢张开的胳膊时会旋转得更快是同样的道理。当地震将数百万吨的岩石带到接

地震

近地球中心的地方时,整个地球会旋转得更快。当地球转速增加时,白昼的长度就会缩短。这个变化太过微小,难以被测量,哪怕是用很精确的秒表也难以测量。

▼ 包括班达亚齐在内的很多地方,都被2004年苏门答腊大地震完全摧毁。

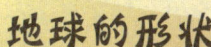

地球的形状

地球的赤道周围要比两极周围更为厚实。地球在中部突起是因为它的自转。地壳试图飞离旋转的地球,这和弹珠飞离旋转的盘子是相同的道理。地球的自转将地壳向外抛掷。赤道受此影响

最大,因此赤道鼓起而两极扁平。由苏门答腊地震引发的地壳运动使得地球中部变得略窄。

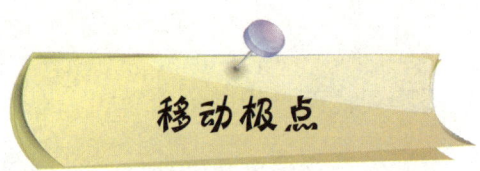

地震使得地球极点移到了新的位置。地震由地壳的突然移动造成,所以当地壳移动时,这种移动改变了地球的平衡。极点通过自身的移动来恢复地球的平衡。

▶ 地震改变了地球的形状和它旋转的方式。

科学生涯

威廉·哈蒙德博士拥有美国加州大学伯克利分校的数学博士学位，他曾被俄勒冈大学授予地质学博士学位。如今他是位于里诺的内华达大学的内华达州矿业局和地质/地震学实验室的教授。

一日掠影……

哈蒙德博士测量了美国西侧地壳的移动情况。借助这些变化的形式，我们可以解释这些地方的构造板块是如何正在相向移开的。他的工作范畴包括和团队的科学家进行实地考察旅行来收集

21 地震

数据。他发现地震活动先造成地壳和地幔的变形，然后使其缓慢地松弛。这种变形在最初的地震活动发生几十年后可以测到。

斯人斯语……

"我们已经在塔霍湖地区周围建立了9个全新的全球定位系统点来帮助我们监测，以使观测到的流体深层流动的深度、位置以及运动的相关数据和早期观测到的数据相吻合。同时也可以为我们最终提供许多所需的对盆地和山脉的监测报告。"

第五章　海底地震

地震和海啸

　　并不是所有的地震都发生在陆地上。地壳和构造板块之间的断层延伸到海底下面，因此，地震也可以发生在海底。如果地震掀起海底，就会产生巨浪，这就是我们所称的海啸。2004年12月26日，印度洋海底地震引起巨浪，从海面一直波及沿海的地区，造成了极大的破坏。

地震

▼ 海啸预警系统配备的洋面浮标是和海底固定的压力记录器相连接的。

和喷气式飞机一样快的海浪

地震引起的海浪不是常见的。如果海底被掀起，海水也会被掀起来，涨起的海水会向四面八方流动。这些海浪的速度快得好比喷气式飞机。海浪还在海里的时候，浪花也就是几厘米高，一旦到了靠近地面的浅水区，它们就会涨高，涨高的原因是前面的海浪停止流动而后面的海浪堆在它们的上面。这种地震引起的海浪叫做海啸。海啸常常能达到15米左右高，比一个高个子成年人还高出几倍。这样的大浪就会席卷地面，造成巨大的破坏。

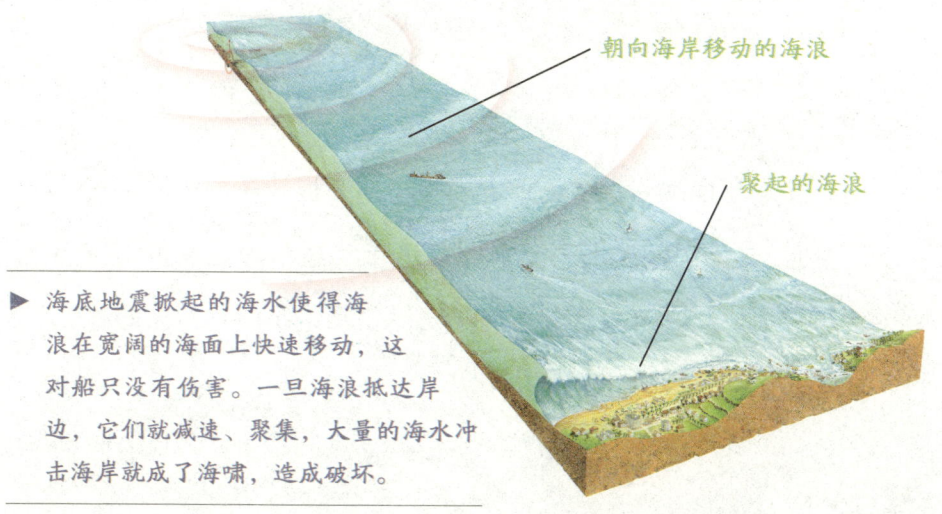

▶ 海底地震掀起的海水使得海浪在宽阔的海面上快速移动，这对船只没有伤害。一旦海浪抵达岸边，它们就减速、聚集，大量的海水冲击海岸就成了海啸，造成破坏。

朝向海岸移动的海浪

聚起的海浪

第五章　海底地震

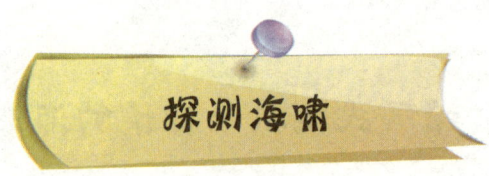

浮标监测海面的动向,可以及早给出警告:海啸正在形成。海啸探测器的一个部分放在海底,测量水压。海水越深,压力越大。海啸的海浪穿过探测器的时候,海水变深,探测器就会记录下上升的压力。探测器向浮标传递信息,浮标把信息传递到警报站。

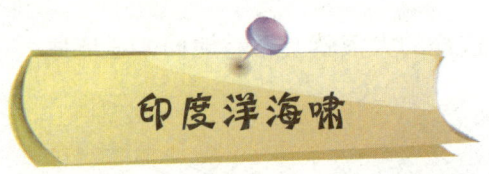

引起2004年印度洋海啸的地震发生于地质板块俯冲到另一板块下面的地方。印度/澳大利亚板块以每年60毫米的速度被挤压到欧亚板块下面。欧亚板块的边缘受挤压,到了不能再弯曲的程度,最终翻折起来造成地震。

大断层

两个地质板块之间的断层在印度洋沿岸蜿蜒迂回5500公里，穿过苏门答腊岛和爪哇岛附近，再朝着澳大利亚奔去。这么长的断层不会一下子滑动，每次只会滑动一点点，日积月累，这些微小的滑动最终会导致地震发生。例如，在这个断层之上的不同地区，分别于1833年、1861年、1881年、1935年、2000年和2002年发生了地震。

▼ 2004年12月26日，苏门答腊岛西北海岸的落阿镇遭受了海啸的猛烈袭击，该地区的植被全被掀走了。

第五章 海底地震

2004年12月26日,靠近苏门答腊岛的部分断层产生滑动。苏门答腊岛所在的欧亚板块边缘向西跳动了几米,向上升高了大约3米,这掀起了位于板块之上的海水,形成了大浪。首先,它们冲击距离最近的苏门答腊岛,横扫岛北部陆地上一切拦路的东西。海浪朝着相反的方向,跨过印度洋,袭击了1600公里之外的斯里兰卡岛。

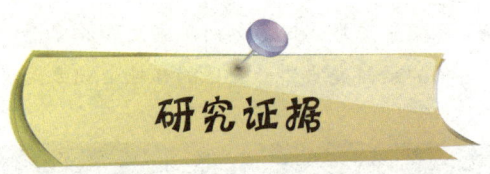

地震后的几个月,美国国家科学基金研究了这些证据,他们发现这次地震比预想的还要大。事实上,它刷新了两个地震纪录:它是现代最长的断层滑动(大约1300公里),滑动时间超过现有最长纪录(至少10分钟)。

研究内容：在印度洋地震之后，人们思考的一个问题是越来越多这样的地震会有什么危险？

研究团队：北爱尔兰阿尔斯特大学的约翰·麦克洛斯基教授的团队和美国加州理工大学的克里·西的团队。

研究过程：众所周知，大地震会改变靠近地质断层的压力状态。团队利用卫星照片、以往地震的历史记录、电脑模拟等找出相似事件的频率是否增加，来计算将来地震将会在什么地方发生。

研究结论：断层的几个部分穿过苏门答腊岛，沿着海岸滑动了200多年。团队得出的结论是这个地区很可能面临着另一次地震的威胁。断层毫无疑问将会让道于地震，这将导致不久的将来更大的地震和海啸，不过谁也不知道会在什么时候发生。

第六章 研究地震

探测地震

在科学家不知道什么时候、什么地方会发生地震的情况下，他们研究地震的可能性有多大？幸运的是，地震能够在一定的距离中来测量。即使地震在地球的另一端，用于探测地震的工具也可以记录它的发生状况。

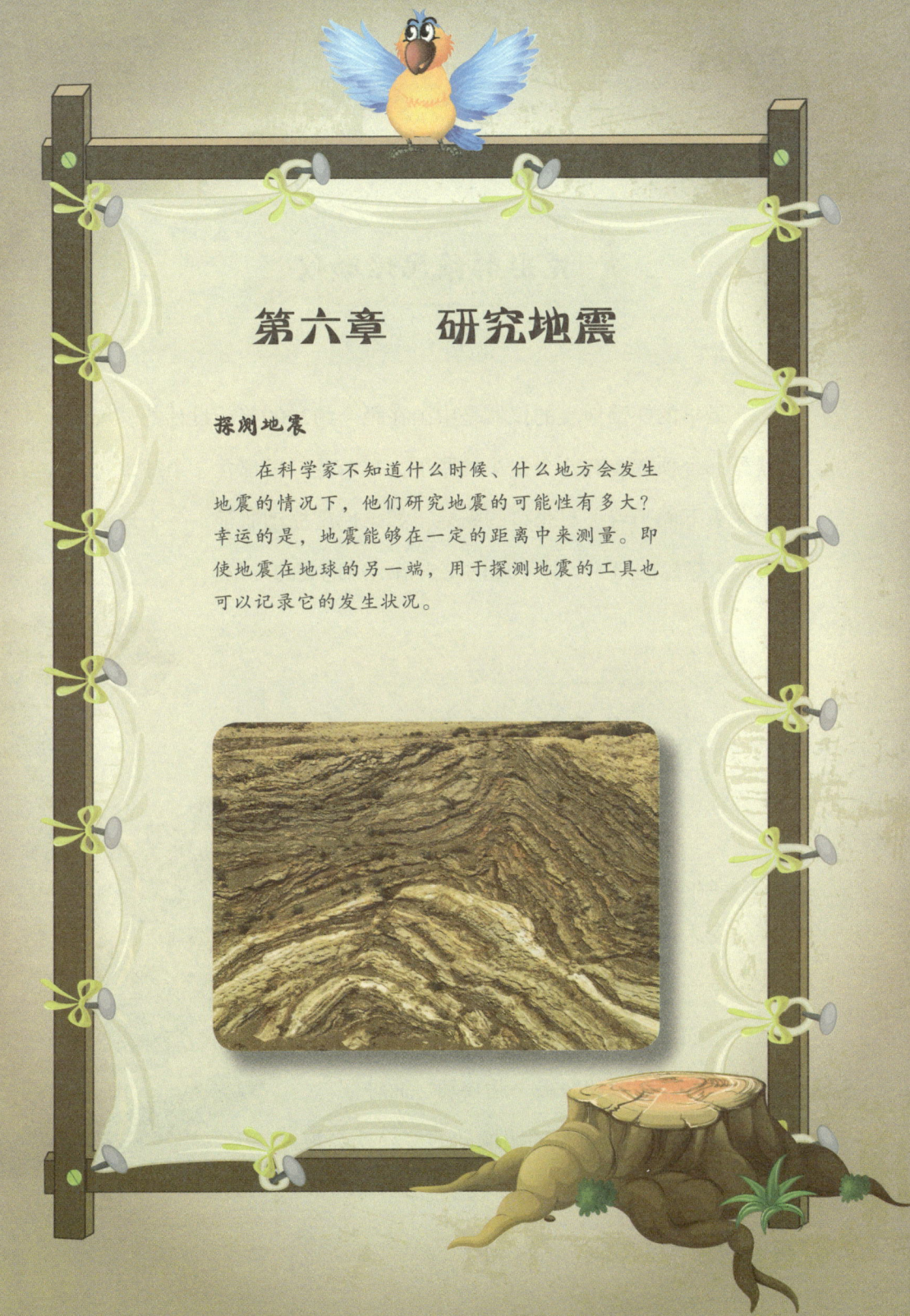

龙形的候风地动仪

最早的探测地震的仪器是中国在距今约2000年前设计的。仪器是一个顶部装有八个龙头的瓶子，每个龙口里都含一个球，每个龙头下面坐着一只张口的蟾蜍。如果地震摇动瓶子，一个球就会掉入蟾蜍的口中。掉下球的龙头指示出地震的方位。

当今的地震探测

龙形的候风地动仪已不再用于探测地震，今天探测地震的仪器称为地震探测仪。第一批地震探测仪外部是坚固的支架，里面放置钟摆。支架放在地上，底层摇动时，支架和底层一起摇动，而钟摆却保持不动。支架和钟摆挪动的差异就会被人用笔记录在纸上。现代的地震探测仪利用电子感应器代替了钟摆，它们将数字化的测量值直接录入电脑。

为地球把脉

科学家用各种各样的工具来研究地震时地层发生了什么变化。蠕变仪可以探测地层的慢速运动；应变仪可以记录地层形状的变化；倾斜仪测量底层倾斜了多少；磁力仪测量磁场的变化。测量方法越精确，测量结果就越接近地震本身的真实情况，因此许多仪器就放置在地震频发的地质断层。

◀ 公元前132年，张衡发明的地动仪灵敏度高到可以探测600公里以外的地震。

第六章　研究地震

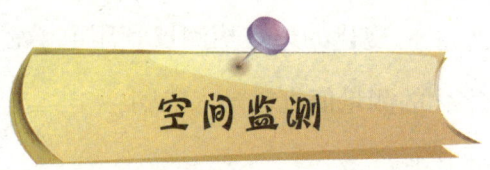

大城市附近的地震总是会上新闻头条，而世界上边远地区的地震对科学家而言一样值得关注。距离使得他们很难研究这些地震，所以科学家常使用太空卫星。很多沿着地球轨道的卫星是研究海洋、森林和庄稼的。幸运的是，一些卫星也能够探测地震的影响。

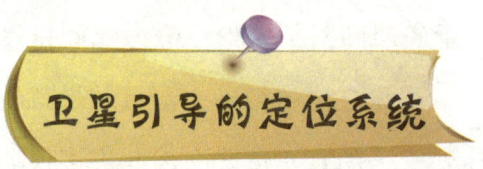

全球定位系统是一组沿着地球运转的卫星。全球定位系统接收器利用来自卫星的无线电信号来测算它们的具体位置。轮船和飞机都靠全球定位系统精确导航，有的汽车和卡车安装的全球定位系统会告诉司机走哪一条路。另外，全球定位系统能够精确地定位地震引起的地层运动。

▲ 这张图是在印度的地震发生后制作的，它显示了地下水涌出地面的地区。

地球卫星

别的卫星也用于研究地震。2001年，科学家用美国国家航空航天局的地球卫星来研究印度北部大地震的后果。地球卫星不是为这个研究专门设计的，它的使命是收集地球上人的活动和气候变化影响方面的信息。然而，它的一个仪器仍旧可以观测到地震的影响。它利用照相机来观测光线和红外线反射在地球表面的颜色。地面经过强烈地震的摇动后反射的光线会不一样，由地球卫星拍摄的图片显示了这些变化。

第六章 研究地震

▼ 这位科学家把一系列的全球定位系统接收器牢固地放置在地上，如果地面摇动，全球定位系统接收器也会摇动。

研究内容：研究人员想证明卫星可以用于研究边远地区，无法到达的或者荒芜、贫瘠的地区，甚至是一个政治上敏感地区的地震。

研究团队：欧盟委员会联合研究中心环境与可持续发展研究所的伯纳德·平蒂，美国国家航空航天局喷气推进实验室的戴维·J.迪纳和其德国、法国和美国的同事们。

研究过程：美国国家航空航天局地球卫星分光辐射谱仪从多个角度拍摄到印度北部震前和震后的照片，并将二者进行了对比。

研究结论：由地球卫星拍摄的照片显示地震迫使水从泥土中冒出。一年之后，科学家仍然可以看到这种后果。那些水多含盐分，等水分蒸发后，卫星仍旧能够探测到地面的盐分。地球卫星显示卫星可用于地震影响过的广大地区。

▲ 三种最常见的地质断层：正断层（左）、逆冲断层（中）和平移断层（右）。

寻找断层

2003年，伊朗巴姆的地震成了新闻焦点，原因有两个：第一，这次大地震毁坏了整个镇子，死亡人数约3万人；第二，它成为地震科学家关注的焦点，因为引起地震的是一个无人知晓的断层。科学家在地震频发的地方绘制地质断层图。如果能够知道断层在哪里，是什么类型的断层，断层的形状和大小怎么样，那他们就有可能预测出下一次大地震可能发生的地方。断层通常容易被发现，一部分断层的地面有裂痕，别的断层表现为地平面上一个地块堆积在另一个地块的上面，但是别的断层并没有露出地表，这就是隐伏断层。

第六章　研究地震

绘制东京的断层图

我们要知道，断层的深度对预测将来地震的强度非常重要。科学家可以通过地层爆破，记录被下面岩石层弹射折返回来的声波来绘制断层图，包括隐伏断层。2005年，一些科学家在日本东京这样做的时候发现，一个他们以前认为在地面下20公里到40公里深的断层其实只在东京城市下面4公里处。

清除地面植被

如果地表有稠密的植被，绘制断层地图是不容易的，因为树木和灌木掩盖了断层。美国的科学家已经发明了用激光雷达穿过厚厚的植被来绘制出特别精确的地层图的方法。

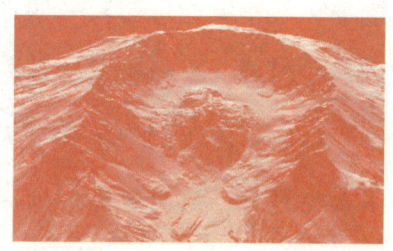
▲ 圣海伦斯火山喷发后的激光雷达图像。

科学生涯

地质学家拉尔夫·豪格拉德在位于美国华盛顿大学的地球和太空系的美国地质勘探局工作。他用一种称为激光雷达的空中新技术进行地面测绘。

一日掠影……

拉尔夫·豪格拉德和来自美国地质勘探局的同事一起飞过由成千上万强烈激光光束照亮的地面。激光光束并没有穿透植物,但电脑可以处理所有折射回来的信息。电脑去掉植物的折射信息，用剩下的折射信息绘制植物下面的地面。科学家发现用激光雷达测量，就好似地面上没有任何植被一样。利用这项技术，他们发现了此前一直不为人知的位于西雅图附近的将近12处断层。

斯人斯语……

"这是一个笨重而复杂的系统……我们不得不抛掉2/3的东西……但是它提供了一个精确得让人惊叹的地表图，没有别的方法能够做到这一点。"

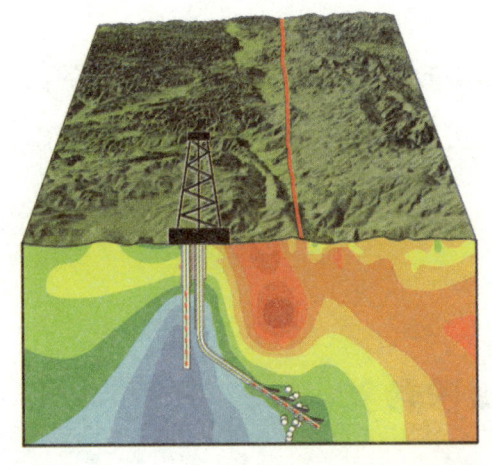

◀ 位于美国加利福尼亚州帕克菲尔德的圣安地列斯断层交汇相接区域显示了2002年钻入的先导式钻孔监控断层沿线的运动的情况。

探查地表

新闻图片只能显示地震对地表的影响，但是科学家更愿意从地震发源的地下进行研究。一种方法是在地表钻一个孔，这种孔称为钻孔，这样一来，科学家就能把他们的仪器放在地表之下。从钻孔获取的岩石显示了不同的地质层。水也会通过钻孔带出来，来研究水的含量和水中溶解了什么化学物质。岩石里面的水和岩石层之间的水可以像机器中的油那样起作用，使得岩石更滑。之后，仪器和照相机通过钻孔被放下去来进行测量。有时候，科学家并不会等待真正的地震去摇动仪器，他们通过重击地

第六章 研究地震

层或者实施小型爆炸来引起地层的震动。在深层地底钻孔里的仪器就测到了震动。研究完成之后，结果就会精确地显示出地层震动的程度。

西雅图钻孔

美国的西雅图在过去的50年里三次受到强烈地震的摇动。2002年，美国地质勘探局在那里钻了两个深度达150米的钻孔，钻孔显示了城市下面的岩层。西雅图坐落在坚固的弓形基岩上，里面充满柔软的沙质岩体。钻孔和其他测试发现，西雅图下面的土壤像是放大镜，使得地震强度变大，地表晃动更猛烈。

▲ 工程师们在美国加利福尼亚州圣安地列斯断层处钻孔。

研究内容： 2002年，在加利福尼亚州中部的帕克菲尔德，科学家在圣安地列斯断层处启动了一个重要的地球钻孔项目。他们想通过测量活动的深层地震断层来看能从中了解到什么。

研究团队： 地质学家斯蒂文·希克曼和威廉·埃尔斯沃思，以及其美国地质勘探局和国家科学基金的同事们。

研究过程： 在加利福尼亚州中部，圣安地列斯断层由于稳定的运动和频发的小型地震而一直滑动着。坐落在断层南部尾端的帕克斯菲尔德成了研究的理想地点。他们在靠近帕克斯菲尔德的断层里打了一个深度达3070米的钻孔,并在里面安装了各种仪器。

研究结论:发现之一是在地震发生前的几周或者几个月,地下30多公里的地方就有小震。团队将在接下来的几年继续分析来自钻孔的信息。这里现在被称为圣安地列斯断层深层观测站。

刮擦地表

世界上最深的钻孔有12公里深。听起来很长,但从你脚下到地球的中心有3180公里,因此钻孔不过是在地球表面刮擦了一下。

预防地震

科学家惊奇地发现海洋风暴能够帮助预防强烈地震,至少在台湾岛是这样。西太平洋上的台风是下半年袭击台湾的主要风暴。科学家相信这些台风导致了慢速地震,这种地震是最近才被发现的。慢速地震在几个小时甚至几天之内释放能量,而普通的快速地震突然间就发生,杀伤力极大。人们在地上感觉不到慢速地震,地震仪一类的仪器也探测不到它们,但科学家相信慢速地震能够帮助释放压力,阻止更强烈的地震的发生。尽管科学家还搞不明白它们的工作原理,但是它们能够帮助显示不同类型的地震是怎么样发生的,以及为什么那样发生。这反过来也可以让科学家更好地预测地震。

压力之下

尽管两个地质板块在台湾下面相遇,但大地震却很少见。阿兰·林德博士和塞尔温·萨克斯博士都是地磁学系卡耐基研究所的地质学家。林德博士说:"令人惊奇的是,这个区域很少有大型地震发生。"萨克斯博士补充说:"台风减弱了陆地上的大气压,但是不会对海底造成影响,因为水流到那个区域,平衡了压力。"经常性地震是由于地质断层压力的持续释放,而当台风减小地质板块相遇的陆地上的大气压时,地质断层的一边翘起,释放内部积聚的压力,这就开始了一次慢速地震。林德博士认为,慢速地震可以减少大型毁坏性地震发生频率的假设是合理的。

▼ 2007年,台风罗莎以狂风和暴雨袭击了台湾东部的一个渔港,图为一个大浪在击打海岸。

研究内容：一个团队通过把台风和慢速地震联系起来以调查台湾的台风。

研究团队：这个团队包括地磁学系卡耐基研究所的塞尔温·萨克斯博士和阿兰·林德博士，以及台湾中央研究院地球科学研究所的刘启清博士。

研究过程：在2002年至2007年五年的时间里，科学家测量了欧亚交接海域和菲律宾海域的板块上的岩石和空气变量。他们使用了三架高灵敏度的钻孔应变仪，每个钻孔深度为200—270米，相距5—15公里。

研究结论：团队发现了20次慢速地震，持续时间从几个小时到一天多不等。在这20次地震中，11次慢速地震和台风重合，并且比别的地震强烈。他们发现：由台风减小的空气压力释放了地质断层，导致了慢速地震的发生。

第七章 展望未来

地震预测

人们不可能精确地说将来什么时候会发生地震,但是精确地预测地震可能会成为现实。如果官方人员认为地震即将发生并命令人们离开城市,而什么事情都没有发生的话,就没有人会相信下一次的警告了。因而,精确预测地震是很重要的。

▲ 一个人经过1995年日本阪神地震中一栋受损倾倒的建筑物。

第七章 展望未来

地震

早期成功的例子

中国的政府官员注意到地下不寻常的动静、水平面的变化和动物的奇怪行为,便命令人们离开海城。几天之后,就在1975年的2月4日,一场强烈的地震袭击了辽宁海城,成千上万的人得救了。科学家想知道能不能通过观察这些警报信号来预测地震。然而,第二年一场更强烈的地震毫无征兆地袭击了唐山。后来,科学家研制了更加敏锐的工具,如可以通过新方法来收集和分析信息的卫星和电脑程序。但是他们还是不能精确地预测下一次地震的地点、时间和强度。1994年加利福尼亚州的北岭地震和1995年日本阪神的地震都是在毫无预兆的情况下发生的。

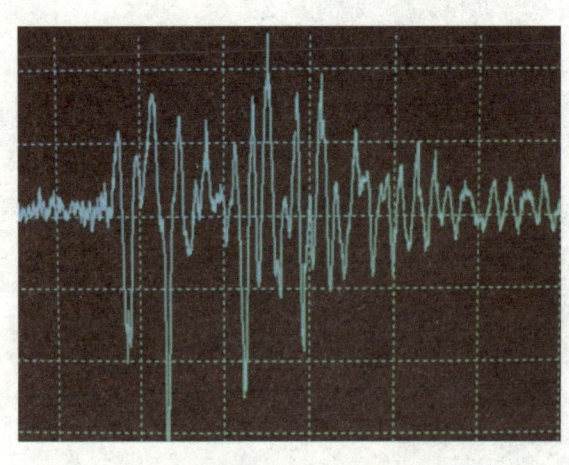
▲ 测振仪显示里氏震级测量的7.1级强度的地震。

▲ 实验人员正在整理实验用具并清洗参加训练返回的搜救用机器人。

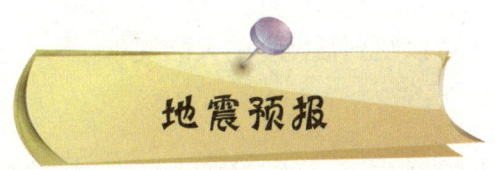

地震预报

一些科学家通过寻找小地震的图像来预测下一次小地震在什么地方发生，以及下一次大地震将在什么时候发生。如果有一天科学家能够像认识天气预报那样认识地震的图像，他们就有可能预测次下一次地震的发生。

机器人救兵

电视上有关一个城市地震后的报道,一般都会是显示人们徒手在挖瓦砾来营救埋在坍塌的建筑物底下的人。如果能首先定位受困人员,那么营救人员就知道从什么地方挖了。放入瓦砾中的灵敏度高的麦克风可以接收声音。热成像照相机通过温度而不是光成像,这意味着人体的热度会在图像上形成一个亮点,方便定位和营救受困人员。装在活动线缆尾部的微型"监控"相机可以放入瓦砾的小缝隙中,以探测是不是有人在里面。还有,接受过特殊训练的狗也可以嗅到被掩埋的人的气味。

用机器人探寻

今天大多数的震后营救工作都是徒手完成的,但是将来机器人可能会完成大多数的搜救工作。位于美国南佛罗里达大学的机器人辅助搜救中心已经开发了一队搜救用的机器人，它们可在震后用于协助营救。

搜救用机器人很小，所以它们可以穿过瓦砾中的小缝隙。身上的轨道使得它们能像坦克一样抓住粗糙不平的表面。它们上面可以加装光源、摄像头和其他的人员搜寻辅助设备。机器人控制人员通过看机器人拍摄的图像可以知道机器人走向哪里。

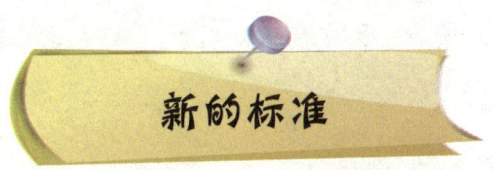

新的标准

搜救用机器人已经进入测试阶段。来自机器人辅助搜救中心的罗宾·墨菲说过，在未来的五年，当你在电视上看到地震时，"你能看到搜救狗，也能看到机器人。你期待用机器人来进行营救，这将会成为一个标准"。

▲ 机器人帮助搜救人员探查他们不能到达的灾区。

第七章 展望未来

科学生涯

罗宾·墨菲博士是美国得克萨斯A&M大学计算机科学和工程学的雷神公司教授,她的基础研究主要是人工智能和无人驾驶的人机互动系统,她是一位在搜救用机器人领域的领军人物。

一日掠影……

罗宾·墨菲教授和自己的同事一起开发的机器人,可以进入对人类而言很危险的地方。2003年,这个团队开发了一组小型机器人,并将它们放入印第安纳一个模拟地震的建筑物废墟内。

机器人身上都安装了热成像照相机和雷达，用来寻找受困的人，它们成功找到了建筑物里的人。此后，机器人又被送入其他的灾区。

斯人斯语……

"通过机器人辅助搜救中心，我已经把机器人引入陆海空的灾难反应……多年的实践让我清楚地意识到人、机和终端之间的互动缺失是阻碍这些创新成果普及至灾难处置领域的主要阻力，因此我的基础研究就转向了人机互动。"

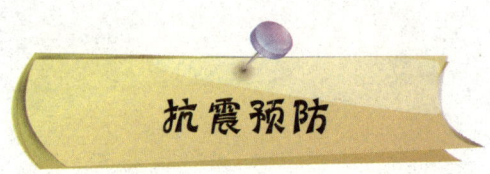

抗震预防

在2000年至2005年之间，墨西哥城经历了七次强烈地震。那个时期，拉丁美洲最高的办公楼——市长大楼——就建在墨西哥城。工程师相信它会幸免于难，因为它的设计就是能抵抗最强的地震。在像墨西哥城这样的地区，地震是家常便饭，很多新的建筑物的设计都能抵抗强震。

稳固摩天大楼

摩天大楼是由混凝土、钢筋和玻璃建成的，它们看起来很坚硬，但实际上可以弯曲。摩天大楼被设计为在强风和地震中能够稍微倾斜，但是如果倾斜的速度太快或者幅度太大，它们就会破裂。保护摩天大楼的一个方法是用柱子支撑或者加固它，来减少一边倾斜的震动。小型的老建筑物也可以用这种方法加固，这个

▲ 这个悬挂在台北101大楼内重730吨的大型阻尼器在地震和台风时能平衡摩天大楼的摆动。

方法称为加装。摩天大楼也可以安装减震器或者阻尼器。建筑物倾斜或者摇摆的时候,阻尼器就像是一个个垫子来吸收一部分的能量。市长大楼就是加装了将近100个这样的阻尼器。

第七章 展望未来

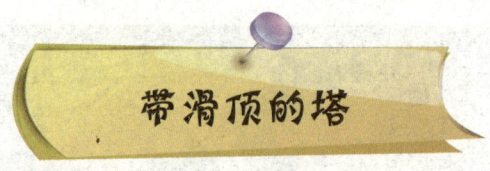

带滑顶的塔

日本大阪市的赞誉之塔使用了不同的抗震的方法，来保证它在地震时也很稳固。这栋建筑物的平顶是直升机的停机坪，即供直升机降落的一个平台。总重为480吨的停机坪会摆动。如果地震时它摆动很厉害，停机坪就自动摆到另一侧来保持它的稳定。

危房保护

大多数人不是住在摩天大楼里，占世界人口1/3的人们住在由砖块建成的房子里，地震发生时房子就会倒塌。当2003年伊朗的巴姆城遭受地震的时候，大多数砖块建筑物被毁。科学家和工程师尝试着找出办法来防止这类房屋倒塌。

▼ 墨西哥城的市长大楼被称为世界上最具有抗震性的建筑物。

余震：强震之后地层的震动。

基岩：位于地下的坚硬岩石。

钻孔：穿凿入地层的孔洞——地震学家用钻孔研究地震频发地区的地层运动。

大陆漂移：板块构造引发的面积巨大的陆地在地球表层的移动。

地核：地球的中心，坚硬的内核由液体金属的外核所包围。

地壳：地球的最外层，由岩石构成，总厚度大约30公里，其中位于海下的大陆厚度不足10公里。

地震风暴：一系列此起彼伏的地震，每次地震都会推动下一次地震的发生。

地震群/群震：几十次、几百次或上千次的小地震在同一地方快速地相继发生。

震中：地面上正对着震源的地方。

断层：地壳的断裂或者缝隙处，岩石板块相互拉伸或者相互摩擦。

震源：地层下地震产生的地方。

前震：在最强烈的地震到来之前的地层震动。

地球化学家：研究地球岩石化学成分的科学家。

地质学家：研究地球岩石及其历史的科学家。

地貌学家：研究大陆板块及其形成过程的科学家。

地球物理学家：研究地球组成成分的科学家。

间歇喷泉：地层中有温泉喷出的孔洞。

全球定位系统（GPS）：一组沿着地球运转且把收集到的信息传回地面的卫星。

烈度：地震导致地层震动的剧烈程度，烈度由修正后的麦氏烈度表测量。

液化：某些地震导致固态地层像液体一样流动的效应。

岩浆：地幔中流出的炽热、熔化的岩石。

震级：地震的力度，以里氏震级测定。

地幔：位于地核和地壳之间的地层。

火星震动：火星地层的震动。

大地震：非常强烈的地震。

麦氏震级：一种根据地震毁坏程度来测量地震烈度的方法。

中洋脊：海洋底下遍布世界的山脉，在那里岩石板块被拉伸后熔岩从地下喷出形成新的洋底。

月震：月亮地层的震动。

古地震学家：研究古代地震，尤其是发生在有记录之前的地震的科学家。

地震纵波：由地震引起的最初到达且速度最快的能量波。

里氏震级：一种描述地震强度的方法。

地震波：从震源经地层向外传递的振动波。

地震仪：能对地震进行永久性测量、记录的仪器。

地震学家：研究地震的科学家。

地震探测仪：用来探测和度量地震的机器。

振动台：可以震动的模型平台，用来测试地震的后果。

俯冲带：地球的一个构造板块在另一个板块下方滑动的地方。

地面波：地震产生的最后的能量波，只在地球表面有震感。

地震横波：地震产生的次级波，比地震纵波速度慢。

构造板块：地壳的构成部分。

小震：地层的轻微振动，前震和余震都属于小震。

海啸：一个或一系列由地震掀起海床产生的巨浪。